普通高等教育“十三五”规划教材

机械原理课程设计

主编　郑树琴
参编　洪　业　李秀春　李　峰　常艳红

机　械　工　业　出　版　社

本书是根据教育部高等学校机械基础课程教学指导委员会2015年颁布的《机械原理课程教学基本要求》，结合老师们多年的教学实践，为满足机械原理课程设计的需要而编写的。

本书共分6章。第1章主要介绍机械原理课程设计的意义、目的、设计内容、方法和要求等；第2章主要介绍机械系统运动方案与创新设计的基本理论、方法和步骤；第3章~第5章重点介绍平面连杆机构的分析及其综合、凸轮机构的分析与设计、齿轮机构的分析与设计；第6章是机械原理课程设计题目。附录是设计图例。

本书可作为高等学校机械类、近机械类各专业机械原理课程设计的教材，也可作为有关工程技术人员的参考书。

图书在版编目（CIP）数据

机械原理课程设计/郑树琴主编. —北京：机械工业出版社，2018.8（2023.1重印）

普通高等教育“十三五”规划教材

ISBN 978-7-111-60846-2

Ⅰ.①机… Ⅱ.①郑… Ⅲ.①机械原理-课程设计-高等学校-教材 Ⅳ.①TH111

中国版本图书馆CIP数据核字（2018）第207698号

机械工业出版社（北京市百万庄大街22号 邮政编码100037）
策划编辑：余 皞 责任编辑：余 皞 王 良
责任校对：王 延 封面设计：张 静
责任印制：郜 敏
北京盛通商印快线网络科技有限公司印刷
2023年1月第1版第4次印刷
184mm×260mm·6.25印张·145千字
标准书号：ISBN 978-7-111-60846-2
定价：19.80元

前　言

机械原理课程设计是高等学校机械类、近机械类各专业学生在完成了机械原理课程学习后进行的一项非常重要的实践性教学环节。本书是根据教育部高等学校机械基础课程教学指导委员会2015年颁布的《机械原理课程教学基本要求》，总结老师们多年的教学实践经验，为满足机械原理课程设计的需要而编写的，是为提高学生的机械系统运动方案设计、创新设计及解决工程实际问题的能力服务的。

本书在编写过程中通过总结多年的教学改革实践与指导学生参加全国大学生机械设计创新大赛的经验，力求内容简明，重点突出，避免与机械原理课程教材内容有过多的重复，有针对性地指导学生顺利地进行课程设计。本书具有非常强的实用性。

参加本书编写的人员均为太原理工大学的教师，全书由郑树琴任主编。参加编写的人员及分工如下：郑树琴编写第1章；洪业编写第3章、5章及附录；李秀春编写第2章；李峰编写第4章；常艳红编写第6章。

本书在编写过程中得到了太原理工大学机械原理教研室全体教师的大力支持和帮助，在此深表感谢。

尽管我们努力将本书打造成精品，但由于编者水平有限，书中的错误和不足在所难免，恳请广大读者提出宝贵的意见和建议。

编　者

目 录

第 1 章

概　述

1.1　机械原理课程设计的意义和目的

1.1.1　机械原理课程设计的意义

机械原理课程是高等工科院校机械类专业的一门重要的技术基础课，在整个教学计划中起承上启下的作用。机械原理课程设计是机械原理课程非常重要的实践性教学环节，通过本课程的学习和课程设计实践，使学生掌握机构学和机械动力学的基本理论、基本知识和基本技能，培养学生初步拟定机械运动方案、分析和设计基本机构的能力，同时为进一步学习机械设计和有关专业课程，以及为今后从事机械设计工作打下坚实的基础。机械原理课程设计对机械类各专业学生进行机构选型、机械系统运动方案设计及创新能力的培养具有十分重要的意义。

1.1.2　机械原理课程设计的目的

1）通过机械原理课程设计，使学生在进行机械系统运动方案设计的过程中，初步了解机械原理设计的全过程，可将机械原理课程中学习的理论、方法与实践知识融会贯通，达到进一步巩固和加深所学知识的目的。

2）通过机械系统运动方案的设计，使学生了解机构及其组合的奇妙性与多样性，方案设计的创造性与关键性，从而具有对机构进行选型、组合、变异及确定运动方案的能力，进而达到培养学生开发和创新机械产品的能力。

3）通过对机械系统的运动设计，使学生对运动学及动力学的分析与设计有一较完整的概念。

4）通过机械原理课程设计，可培养学生运算、绘图、归纳总结、运用计算机及查阅有关技术资料的能力。

5）机械原理课程设计的全过程，既能培养学生独立思考分析解决实际问题的能力，又可发挥团队之间的协作精神。

1.2 机械原理课程设计的内容和任务

1.2.1 机械原理课程设计的内容

根据教育部高等学校机械基础课程教学指导委员会2015年颁布的《机械原理课程教学基本要求》，机械原理课程设计的基本内容有：

1）机械方案的设计与选择。

2）机构运动的分析与设计。

3）机械动力的分析与设计。

机械原理课程设计的题目，可由教师根据本校的具体情况及不同专业的需要选定。但为了保证机械原理课程设计的基本内容，以及一定程度的综合性和完整性，机械原理课程设计的选题应注意以下几方面：

1）一般应包括三种机构（连杆机构、凸轮机构和齿轮机构）的分析与综合。

2）应具有多个执行机构的运动配合关系，包括运动循环图的分析与设计。

3）运动方案的选择与比较。

1.2.2 机械原理课程设计的任务

1）根据题目按给定的机械工作要求，合理地进行机构的选型与组合。

2）设计多个机械系统的运动方案，对各种方案进行对比与评价，从中确定最佳的运动方案。

3）对所选择的运动方案，确定机构运动简图，绘制机构运动循环图。

4）对选定方案中的机构（连杆机构、凸轮机构、齿轮机构、其他常用机构、组合机构等）进行运动学和动力学的分析与设计。

5）整理设计过程及数据，编写设计计算说明书。

1.3 机械原理课程设计的方法和要求

1.3.1 机械原理课程设计的方法

机械原理课程设计的方法可分为三种。

1. 图解法

图解法具有简单、形象、直观、几何关系清晰等特点，但精度不高且作图烦琐。图解法常用来解决简单机械的分析问题，对高速及精密机械，用图解法很难满足精度的要求。

2. 解析法

解析法是将要研究的问题抽象成数学模型。解析法具有运算精度高、速度快的特点，随着计算机辅助设计软件的不断发展与完善，采用解析法进行机械的分析、综合越来越方便、快捷、高效。解析法在分析机械整个运动循环时的运动学和动力学性能方面，优势更加突出。

3. 实验法

实验法是通过搭建模型、采用计算机动态演示与仿真或CAD/CAM等方法，进行机械产品设计的方法。实验法可利用机械创新实验装置或“慧鱼”组合模型，形成创新设计，并通过测试装置检验其运动的可行性及其运动学和动力学特征。实验法形象、直观，具有很强的实践性，便于调动学生的学习主动性，激发学生的创新思维，培养学生的动手能力。

上述设计方法各有千秋，可相互补充。在工程实际中要求工程技术人员能熟练地掌握各种设计方法，故在机械原理课程设计中提倡多种方法并用。

1.3.2 机械原理课程设计的要求

机械原理课程设计最终完成时需提交的技术资料包括：设计图样和设计计算说明书。

1. 设计图样

设计图样是机械原理课程设计的重要组成部分。设计图样的内容主要包括：

1）机械系统运动方案设计中的机构运动方案简图。

2）用图解法对机构某些位置进行运动分析（机构的位移、速度、加速度）和动态静力分析的过程。

3）执行构件的运动线图。

4）原动件的平衡力矩线图。

5）飞轮的设计图和齿轮啮合图等。

对所绘图样要求图纸规格、线条、尺寸标注及标题栏等均应符合国家制图标准的规定，做到图面布置合理美观、线条粗细匀称分明、作图清晰准确、尺寸标注齐全等。图样标题栏格式如图1-1所示。

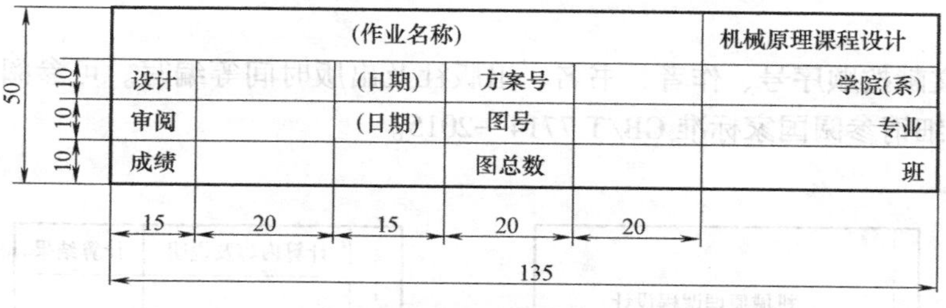

(作业名称)
机械原理课程设计
设计
(日期)
方案号
学院(系)
审阅
(日期)
图号
专业
成绩
图总数
班
50
10
10
10
15
20
15
20
20
135

图1-1　图样标题栏格式

2. 设计计算说明书

（1）设计计算说明书的编写内容　设计计算说明书是对设计成果的归纳与总结，是评价整个设计的重要技术文件之一。通过编写设计计算说明书，为学生今后的学习及从事工程技术工作中撰写各种技术研究报告、产品说明书等提供一次必要的实际训练。机械原理课程设计计算说明书的内容主要包括：

1）目录（标题、页次）。

2）设计题目（包括设计任务、给定条件、设计要求等）。

3）机械系统运动方案的拟定与比较，确定传动机构运动简图。

4）制订机械系统的运动循环图。

5）对所选用机构进行运动学和动力学的分析与设计；绘制机构运动分析线图、凸轮设计图等。

6）组织编写解析法设计的机构分析及设计原理的简要说明、分析思路和必要的设计计算公式，计算所用的计算机主程序和子程序、主要界面及结果等。

7）对设计结果进行整理、分析、讨论，提出存在的问题及改进的措施，总结设计体会等。

8）列出主要参考文献。

（2）设计计算说明书的要求

1）设计计算说明书的编写要求字体工整、文字简练、语言通顺、步骤清晰，且能全面反映设计计算的过程，并具有一定的可读性。

2）设计计算说明书必须用黑色或蓝色墨水笔书写（禁用铅笔或彩色笔等），也可用计算机打印。

3）设计计算说明书应按分析、设计顺序编写，列出必要的大小标题，章节号和序号要层次清晰。

4）设计计算内容要先列出计算公式、代入数据、再写出计算结果，可省略不必要的中间运算过程，对重要数据应简要说明并给出结论。

5）引用的计算公式及数据应注明来源（如参考资料的编号、页码及图表号等）。

6）为清楚反映设计计算过程，说明书中应附有必要的插图，如机械传动方案简图、机构运动简图、运动分析和动力分析矢量图等。

7）为增加设计计算说明书的可读性，对阶段性分析设计结果应归纳整理并列出必要的表格。

8）设计计算说明书要用 16 开（A4）纸书写，并装订成册。封面格式和书写格式如图 1-2 所示。

9）参考文献按顺序号、作者、书名、出版社及出版时间等编写。可参阅书后参考文献格式编写，详细请参阅国家标准 GB/T 7714—2015。

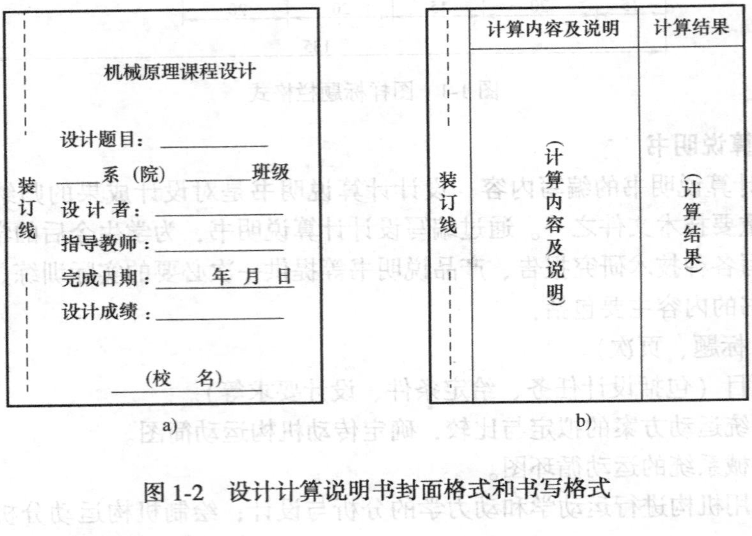

图 1-2 设计计算说明书封面格式和书写格式

1.4　机械原理课程设计的教学进度和成绩评定

1.4.1　机械原理课程设计的教学进度

机械原理课程设计可根据各校对不同专业的具体要求，安排1周或1.5周的时间进行课程设计。机械原理课程设计的教学进度可参考表1-1。

表1-1　机械原理课程设计教学进度安排

序号	内　容	时间/天	
1	布置题目、方案讨论、确定方案	1	1.5
2	平面机构的运动分析	1	1.5
3	平面机构的动态静力分析	1	1.5
4	齿轮机构设计	0.5	1
5	凸轮机构设计	0.5	0.5
6	其他机构设计	—	1
7	编写设计计算说明书	1	1
8	答辩	1	1
总计		6	9

1.4.2　机械原理课程设计成绩评定

机械原理课程设计的成绩单独计分。成绩的评定应根据学生的设计态度和表现，提交的设计图样和设计计算说明书的质量，以及在答辩过程中表现出的分析问题和解决问题的能力等方面进行综合评定。评定标准可按优、良、中、及格、不及格5个等级评定，或按百分制给出具体分数。

第 2 章 机械系统运动方案与创新设计

2.1 机械系统运动方案设计

设计新的机械时，完整的设计过程包括方案设计、结构设计和强度设计。机械系统运动方案设计是一项复杂的创造性思维过程，是机械设计的核心，设计的正确和合理与否，对机械的性能和质量、降低制造成本与维护费用等影响很大。本节仅讨论机械系统的运动方案设计。机械结构设计和强度设计，可参考本书有关内容和其他资料。

2.1.1 机械系统运动方案设计的主要步骤

1. 拟定机械的工作原理，确定执行构件所要完成的运动

进行机械系统运动方案设计时，首先要根据预期的生产任务拟定机械的工作原理，再进行工艺动作过程分析，确定其运动方案，从而得到所需的执行构件的数量与运动。

机械系统是根据机械预期完成的生产任务和所提出的运动要求进行设计的。因此在进行机械系统的方案设计前，应认真研究所要设计机械的工艺过程和动作要求，利用各种方法，并借鉴同类产品成功的经验和最新科技成果，拟定出合理的工作原理。

机械系统运动方案和选定机械的工作原理密切相关。一般说来，根据不同的工作原理，所得到的机械系统运动方案是不一样的，执行构件所需要完成的运动也是不一样的。如按仿形法原理加工齿轮和按展成法原理加工齿轮，所设计的机械系统方案就不一样。即使是采用同一工作原理，也可以拟定出不同的机械系统运动方案。例如，图 2-1 所示在滚齿机上用滚刀切制齿轮和图 2-2 所示在插齿机上用插刀切制齿轮，虽同属展成法加工原理，但由于所用的刀具不同，两者的机械系统运动方案也就不一样。

机械的工作原理是否合理、高效，在很大程度上反映出该机械的先进程度。机械系统运动方案拟定的是否合理、得当，对机械的性能、质量和成本也起着决定性的影响。例如，在设计洗衣机时，如果采用仿人手搓揉衣服那样的洗涤方法，执行机构就必须设计成能实现类似人手搓揉的动作，这是非常复杂的；然而如果采用水流与衣服的相对运动洗涤法，则只要由电动机带动一个转筒或滚筒就行了，这显然简单得多。因此对于拟定机械的工作原理这项工作要给予足够的重视。

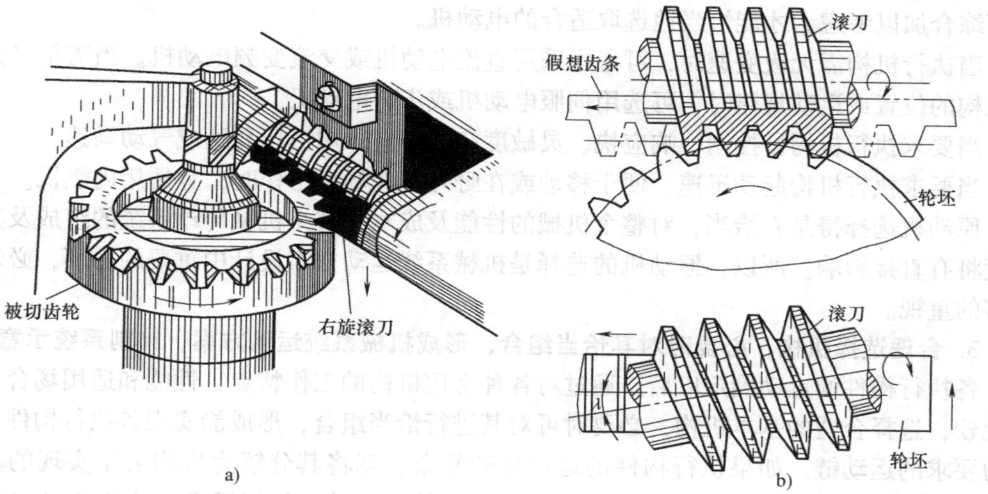

图 2-1　滚齿运动方案

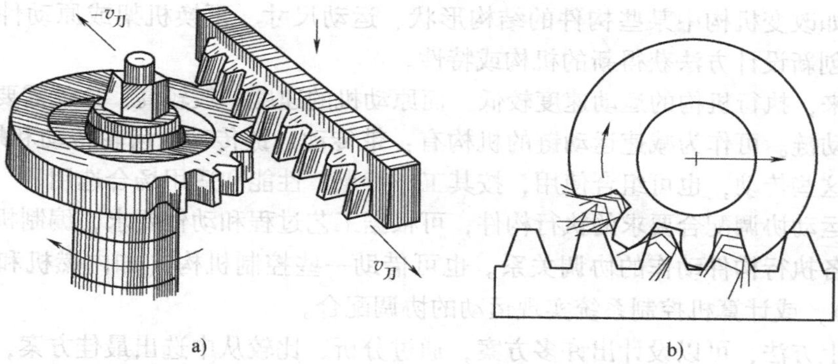

图 2-2　插齿运动方案

在拟定机械的工作原理时，思路要开阔，必要时可拓展到声、光、电、液和磁等相关领域。

2. 选定原动机

原动机的运动形式主要是回转运动和往复直线运动。当采用电动机、液压马达、气动马达和内燃机等原动机时，原动件做回转运动；当采用往复式液压缸或气缸等原动件时，原动件做往复直线运动。在一般机械中用得最多的还是交流异步电动机，它具有结构简单、价格便宜、效率高和使用控制方便等优点，其同步转速有 3000r/min、1500r/min、1000r/min、750r/min、600r/min 等 5 种规格。在输出同样的功率时，电动机的转速越高，电动机的极数越少，其尺寸和重量就越小，价格也越低。一般电动机在整部机器的总造价中，往往占有相当大的比重，因而选用转速较高的电动机，不仅可以降低成本，而且当执行构件的速度较高时，选用高转速电动机可缩短运动链，从而提高机械效率。但如果执行构件的速度很低，若仍选用高转速电动机，则势必要增大减速装置，反而可能导致成本提高，机械效率降低。在这种情况下，应从电动机和减速装置的总费用、机械传动系统的复杂程度及其机械效率等各方面综合加以考虑，才能恰当地选取适合的电动机。

当执行机构需无级变速时，可考虑采用直流电动机或交流变频电动机。当需精确控制执行机构的位置或运动规律时，可选用伺服电动机或步进电动机。

当要求执行机构易控制、响应快、灵敏度高时，宜采用液压马达或气动马达。

当要求执行机构起动迅速、便于移动或在野外作业场地工作时，宜选用内燃机。

原动机选择得是否恰当，对整个机械的性能及成本、整个机械传动系统的组成及其繁简程度将有直接影响。所以，原动机的选择是机械系统运动方案设计中重要的一环，必须予以足够的重视。

3. 合理选择机构，必要时对其恰当组合，形成机械系统运动方案，绘制系统示意图

各执行构件的运动确定以后，通过对各种常用机构的工作特点、性能和适用场合进行分析比较，选择合适的基本机构，必要时可对其进行恰当组合，形成能实现各执行构件运动和动力要求的运动链。如果执行构件的运动比较复杂，就将其分解为机构易于实现的基本运动。机械中主要的基本运动形式有：单向转动、单向移动、往复摆动、往复移动以及间歇运动。

当所选机构不能全面满足机械的要求，或为了改善所选机构的性能和结构时，可以通过机构变异（如改变机构中某些构件的结构形状、运动尺寸、更换机架或原动件、增加辅助构件等）等创新设计方法获得新的机构或特性。

一般说来，执行机构的运动速度较低，而原动机的速度一般较高，这就需要在二者之间设计减速运动链。可作为减速运动链的机构有：带传动、链传动、齿轮传动和蜗杆传动等，可单独使用这些传动，也可组合使用，按其工作特点、性能和适用场合选用。

对于有运动协调配合要求的执行构件，可根据工艺过程和动作要求，编制机械的运动循环图来确定各执行构件动作的协调关系。也可借助一些控制机构（如内燃机和牛头刨床中的凸轮机构），或计算机控制系统实现运动的协调配合。

按照以上方法，可以设计出许多方案，通过分析、比较从中选出最佳方案，形成满足要求的最合理的机械系统初步方案，绘制其示意图。

4. 机构的尺寸综合

机械系统运动方案初步确定后，便可根据已知条件、实际情况和工艺要求以及各执行构件运动的协调配合要求，设计各个机构，确定各构件的运动尺寸、电动机功率，绘出机械系统运动简图。然后应对机械系统运动方案进行综合分析和评价，如不合适可进行适当修改或重新设计，直到满意为止。

2.1.2 机械系统运动方案设计的一般原则

在设计机械系统运动方案时，为了更加合理，一般应遵循以下原则：

1. 采用尽可能简短的运动链

机构采用的运动链越简短，构件数目就越少，越有利于降低机械的重量和制造成本，也越有利于提高机械效率和减少累积误差。在选择机构时，为了使运动链简短，有时宁可采用具有设计误差但结构简单的近似机构，而不采用理论上没有误差但结构复杂的基本机构或组合机构。

2. 优先选用基本机构

由于基本机构结构简单，设计方便，技术成熟，故在满足功能要求的前提下，应优先选用基本机构。若基本机构不能满足或不能很好地满足机械的运动和动力要求时，才可适当地对其进行变异或组合。

3. 应使机械有较高的机械效率

机械的效率取决于组成机械的各个机构的效率。因此，当机械中包含有效率较低的机构时，就会使机械的总效率随之降低。但应注意，机械中各运动链所传递的功率往往相差很大，主运动链（如牛头刨床中驱动刨头运动的运动链）传递的功率最大，而辅助运动链（如牛头刨床中的进给运动链）传递的功率往往很小。在设计时应着重考虑使主传动运动链具有较高的机械效率，辅助运动链的机械效率高低可放在次要地位，而着眼于其他方面的要求（如可选择机械效率不高，但能使整个机械系统结构紧凑、外廓尺寸小的辅助运动链）。

4. 合理安排各种传动机构的顺序

一般说来，组成机器的机构在排列顺序上有一些规律：转变运动形式的机构（如凸轮机构、连杆机构和螺杆机构等）通常总是安排在运动链的末端，与执行构件靠近；而带传动等靠摩擦传动的机构一般都安排在转速较高的运动链的起始端，以减小其传递的转矩，从而减小其外廓尺寸，这样安排，也有利于起动平稳和过载保护，而且原动机的布置也较方便。

5. 合理分配传动比

运动链的总传动比应合理地分配给各级传动机构，具体分配时应注意以下两点：

1）每一级传动的传动比应在常用的范围内选取。如一级传动的传动比过大，对机构的性能和尺寸都是不利的。例如，当齿轮传动的传动比大于8~10时，一般应设计成两级传动；当传动比大于30时，常设计成两级以上的齿轮传动。但是对于带传动来说，一般不宜采用多级传动。

2）因电动机的速度一般都比执行构件的高，故机械通常都是减速传动，在这种情况下，一般按照“前小后大”的原则分配传动比，这样有利于减小机械的尺寸。

6. 保证机械的安全运转

设计机械系统时，必须十分注意机械的安全运转问题，防止发生人身伤害或机械的损坏。例如起重机械的起吊部分，必须防止在荷重的作用下自动倒转，为此在传动链中应设置具有自锁能力的机构（如蜗杆机构）或装设制动器。又如，为防止机械因过载而损坏，可采用具有过载打滑现象的摩擦传动或装设安全联轴器等。

2.1.3 机械系统运动方案的评价指标

在机械系统运动方案设计中，实现所设计机械的功能可采取不同的工作原理，而同一工作原理又可有多种不同的实施方案，因此需要对所拟定的机械系统运动方案进行评价，以便从中选出最佳的方案。机械系统运动方案评价主要考虑以下几个方面。

（1）机械功能的实现质量　在拟订方案时，所有方案都基本上能满足机械的功能要求，然而各方案在实现功能的质量上还是会有差别的，如工作的精确性、稳定性和适应性等。

（2）机械的工作性能　机械在满足功能要求的条件下，还应具有良好的工作性能，如运转的平稳性、传力性能和承载能力等。

(3) 机械的动力性能　如冲击、振动、噪声和耐磨性等。

(4) 机械经济性　机械经济性包括设计、制造、运转和维护时的经济性，其要求是结构简单、易于设计和制造、成本低、机械效率高、能耗少、工作可靠、便于维护等。

(5) 机械结构的合理性　机械结构的合理性包括机械结构的复杂程度、尺寸、重量、大小等。

2.1.4　各执行构件间运动的协调配合和机械的运动循环图

1. 各执行构件间运动的协调配合

多数机械的执行构件不止一个。有一些机械，各执行构件间的运动是彼此独立的，不需要协调配合。在这种情况下，可分别为每一种运动设计一个独立的运动链，并由单独的原动机驱动。而另外一些机械则要求其各执行构件的运动必须准确协调配合，才能完成生产任务。具体说来可分为如下两种情况：

(1) 各执行构件运动速度的协调配合　有些机械要求其各执行构件的运动之间必须保持严格的速比关系。例如，按展成法加工齿轮时，刀具和工件的展成运动必须保持某一恒定的传动比；在车床上车削螺纹时，主轴的转速和刀架的走刀速度也必须保持恒定的速比关系等。

(2) 各执行构件动作的协调配合　有些机械要求其各执行构件在时间和运动位置上必须准确协调配合。例如，内燃机中进气阀、排气阀与活塞之间的动作，在时间和位置上必须协调配合；在牛头刨床中，刨头和工作台的动作必须协调配合，工作台的进给运动应在非切削时间内进行，其余时间则静止不动。此时，不但动作的先后次序要协调，而且每一个动作持续时间的长短也必须协调。

对于有运动协调配合要求的执行构件，往往采用同一个电动机，通过运动链将运动分配到各执行构件上去，借助一些控制机构或计算机控制系统实现运动的协调配合。

2. 机械的运动循环图

如前所述，某些机械的各执行构件在动作上必须准确协调配合，才能完成生产任务。大多数机械系统中各执行构件的运动是周期性的，即经过一定时间间隔后，其运动就会重复，也称为完成一个运动循环。在每一个运动循环内，一般又可分为工作行程和空回行程。为了保证机械在工作时其各执行构件动作的协调配合关系，在设计机械时应编制出用以表明在机械的一个运动循环中各执行构件运动配合关系的运动循环图。在编制运动循环图时，要从机械中选择一个构件作为定标件，用它的运动位置（转角或位移）作为确定其他执行构件运动先后次序的基准。运动循环图通常有如下 3 种：

(1) 直线式运动循环图　如图 2-3a 所示，直线式运动循环图是将机械在一个运动循环中各执行构件各行程区段的起止时间和先后顺序，按比例绘制在直线坐标轴上。直线式运动循环图在机械执行构件较少时，表示动作时序清晰明了。

(2) 圆周式运动循环图　如图 2-3b 所示，每一个圆环代表一个构件，由各相应圆环分别引径向线表示各执行构件不同运动区段的起止位置。可清楚地看出各执行构件的运动与定标件的相位关系，其缺点是同心圆较多，看上去杂乱。

(3) 直角坐标式运动循环图　如图 2-3c 所示，用横坐标轴表示定标件轴的转角，纵坐标轴表示各执行构件的位移。为了简单起见，其工作行程、空回行程以及停歇区段分别用上升、下降和水平的直线表示。直角坐标式运动循环图能清楚地表示出各执行构件的位移情况及相互关系。

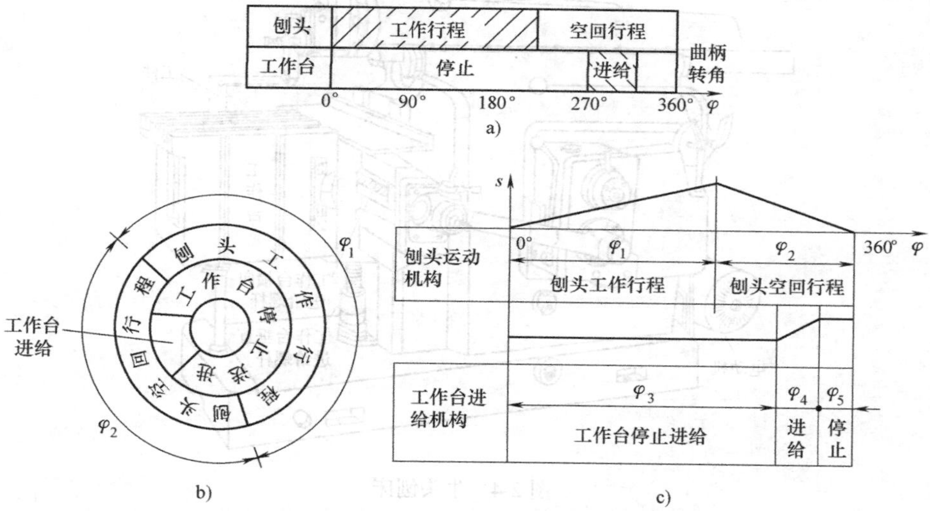

图 2-3　牛头刨床 3 种形式的运动循环图

a）直线式　b）圆周式　c）直角坐标式

图 2-3 中 a、b 和 c 分别为牛头刨床的直线式、圆周式以及直角坐标式运动循环图，它们都是以牛头刨床主机构中的曲柄为定标件，曲柄回转一周为一个运动循环。由图 2-3 可见，工作台的横向进给是在刨床空回行程进行一段时间以后开始，在空回行程结束之前完成，这样安排既考虑了刨刀与移动的工件不发生干涉，又能提高效率，还考虑了机械系统实现这一时序运动的难易程度。

显然，运动循环图是进一步合理设计机械系统的重要依据。

2.1.5　机械系统运动方案设计举例

机械系统运动方案设计是一个复杂而较难掌握的过程，它既需要设计者具有深厚的理论知识，更需要设计者具有丰富的设计经验。要想真正掌握机械系统运动方案的设计方法，必须通过多次的设计实践活动才能做到。下面以图 2-4 所示牛头刨床为例，说明机械系统运动方案设计的一般思路和方法。

1. 选定机械的工作原理，确定执行构件所要完成的运动

图 2-4 所示牛头刨床是一种用于平面切削加工的机床，其工作原理是：为了刨削掉多余金属，刨头带着刨刀做纵向（左右）往复直线运动，称为切削运动。具体来说，刨头向右移动时，带动刨刀刨削工件表面，称为工作行程；刨头向左运动时，刨刀不切削，称为空回行程。为了完成整个工件表面的刨削，夹紧工件的工作台必须有垂直于刀具运动方向的间歇移动，称为工作台横向（前后）进给运动。为了使刨刀能与被加工工件接触，并且当工件表面被刨削掉一层后，还能继续被刨削另一层表面，工作台和刀架应能上下运动，称为工作台和刀架的垂直进给运动。上述三种运动必须协调动作、有机配合，才能完成工件的刨削任务。其工艺要求是：

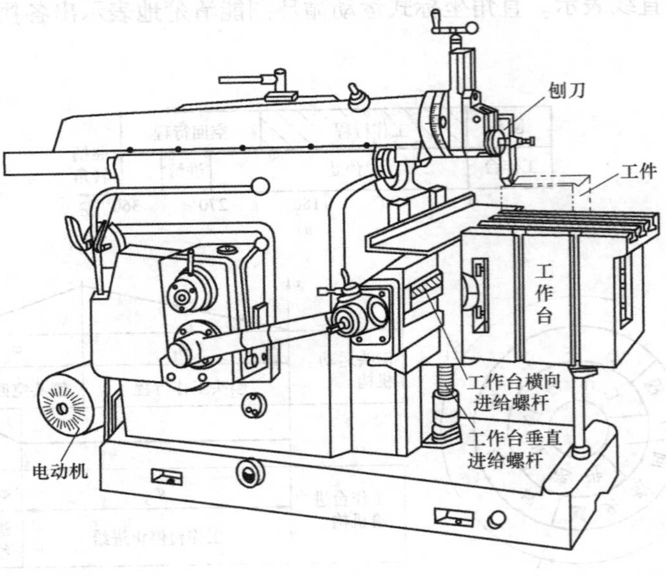

图 2-4　牛头刨床

1）工作行程时要求刨刀切削速度较低且做匀速或近似匀速运动，以提高刨刀的刀具寿命和工件的表面加工质量；空回行程时要求速度较高，即应具有急回运动特性，以提高生产效率。

2）工作台的横向间歇进给运动必须和刨头的切削运动协调配合，刨刀每往返一次，工作台带着工件进给一定的距离，且横向进给运动必须在空行程内进行。

这样，在牛头刨床中，带动刨刀往复移动的刨头和夹紧工件的工作台就是两个执行构件。

2. 选定原动机

牛头刨床属于一般的机械加工设备，要求有较高的驱动效率和较高的运动精度，原动机选用交流异步电动机已能满足工作要求。该机床的两个执行构件在时间和动作上有严格协调配合的要求，故两运动链用同一电动机驱动。

3. 合理选择机构，必要时对其恰当组合，形成机械系统运动方案，进行评价，选择最佳方案，绘制系统示意图

（1）切削运动链的方案设计　切削运动链是牛头刨床的主运动链，通过对设计要求进一步分析可知，设计此运动链时应主要考虑：在运动方面，要求将有曲柄的回转运动变换为具有急回特性的直线往复运动，且执行构件行程较大，工作行程速度变化平缓（近似匀速）；在受力方面，由于执行构件（刨刀）受到较大的切削力，故要求机构具有较好的传力性能。由此可以有以下几种运动方案，如图 2-5 所示。

图 2-5a 所示方案采用偏置曲柄滑块机构。该方案结构最为简单，能承受较大的载荷，但也存在较大缺点：一是执行构件（滑块）行程较大时，曲柄和连杆长度较长，机构所需活动空间较大；二是此机构随着行程速度变化系数 K 的增大，压力角也增大，传力性能开始变坏。

图 2-5b 所示方案由曲柄摇杆机构和摇杆滑块机构串联而成。该方案在传力特性和执行

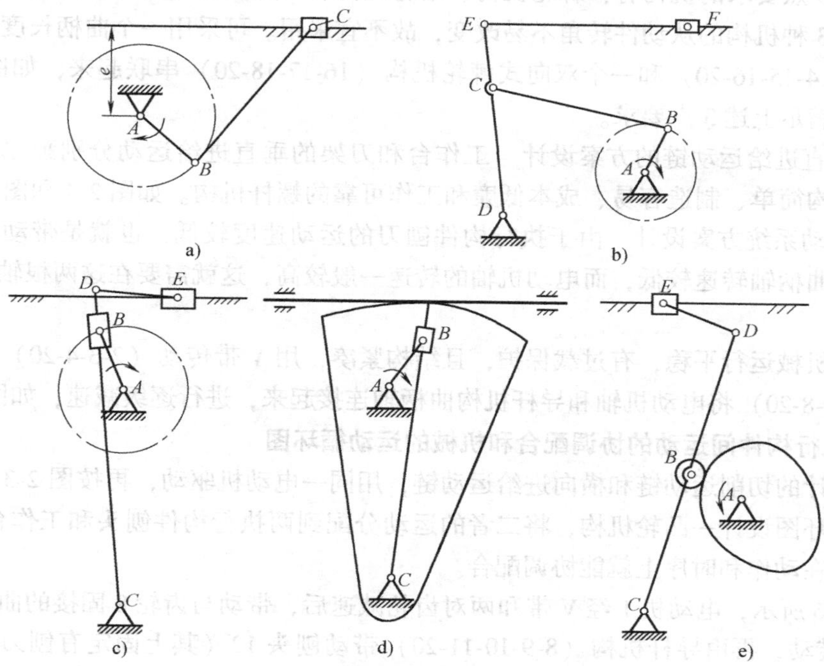

图 2-5　牛头刨床切削运动链的几种设计方案

构件的速度变化方面比图 2-5a 所示方案有所改进，但随着行程速度变化系数 K 的增大，机构的压力角还要增大，传力性能仍然受到影响，而且此组合机构所占空间比图 2-5a 所示方案更大。

图 2-5c 所示方案由摆动导杆机构和摇杆滑块机构串联而成。该方案克服了图 2-5b 所示方案的缺点，传力特性好，机构所占空间小，执行构件的速度在工作行程中变化也较缓慢。

图 2-5d 所示方案由摆动导杆机构和齿轮齿条机构串联组成。由于导杆做往复变速摆动，在空回行程中，导杆角速度变化剧烈，虽然载荷不大，但齿轮机构仍会受到较大的惯性冲击，而且在工作行程中，切削的开始和终了也会突然受到较大切削力的冲击，从而引起振动和噪声，甚至断齿。此外，扇形齿轮和齿条的加工也比较复杂，成本较高。

图 2-5e 所示方案由凸轮机构和摇杆滑块机构串联组成。此方案的优点是：可通过设计凸轮轮廓来保证执行构件（滑块）在工作行程中做匀速运动。但是，凸轮与摇杆滚子为高副接触，在工作行程中，切削的开始和终了都会突然受到较大切削力的冲击，引起附加动载荷，导致凸轮表面的磨损和变形加剧，缩短机械寿命。

通过对以上五种方案进行综合评价，图 2-5c 所示方案比较合理。

（2）横向进给运动链的方案设计　因为刨刀刨削工件时工作台静止不动，而不刨削时工作台做等量进给运动，因此必须首先选择一个能够等量送进的机构。对于以上的要求，螺杆机构、蜗杆机构和齿轮齿条机构都能做到。但是前两种机构具有自锁特性，故不进给时工作台会自动固定不动；而后一种机构没有自锁特性，需另加定位机构。因螺杆机构结构简单、制造容易、成本低廉，所以应当优先选用。其次，因为进给是间歇进行的，进给量可以适当调整，刨掉工件的一层表面之后应能方便地改变工作台送进方向，进行第二层刨削。能够满足上述3点要求的机构有：棘轮机构、槽轮机构、不完全齿轮机构和凸轮式间歇运动机构等，但后3种机构的从动件转角不易改变，故不宜采用。可采用一个曲柄长度可调的曲柄摇杆机构（14-15-16-20）和一个双向式棘轮机构（16-17-18-20）串联起来，如图2-6所示，便能很好地满足上述3点要求。

（3）垂直进给运动链的方案设计　工作台和刀架的垂直进给运动分别独立进行，故可分别采用结构简单、制造容易、成本低廉和工作可靠的螺杆机构。如图2-4和图2-6所示。

（4）传动系统方案设计　由于执行构件刨刀的运动速度较低，也就是带动刨刀运动的导杆机构的曲柄轴转速较低，而电动机轴的转速一般较高，这就需要在这两根轴之间设计传动系统。

为了使机械运行平稳，有过载保护，且结构紧凑，用V带传动（2-3-4-20）和两对齿轮传动（5-6-7-8-20）将电动机轴和导杆机构曲柄轴连接起来，进行逐级减速，如图2-6所示。

4. 各执行构件间运动的协调配合和机械的运动循环图

以上设计的切削运动链和横向进给运动链，用同一电动机驱动，再按图2-3所示的牛头刨床运动循环图设计一凸轮机构，将二者的运动分配到两执行构件刨头和工作台上，这样，两执行构件在动作和时序上就能协调配合。

如图2-6所示，电动机1经V带和两对齿轮减速后，带动与齿轮8固接的曲柄O_2A和凸轮13同时转动，再由导杆机构（8-9-10-11-20）带动刨头12（其上固定有刨刀）做往复移动。刨刀每切削完一次，利用空回行程的时间，凸轮13通过四杆机构（14-15-16-20）与棘轮机构（16-17-18-20）间歇地带动螺杆机构（图2-6中未画出，可参看图2-4），使工作台连同工件做一次进给，以便刨刀进一步切削。

5. 机构的尺寸综合

牛头刨床的机械系统运动方案初步确定后，便可根据已知条件、实际情况和工艺要求以及各执行构件运动的协调配合要求，设计各个机构，确定各构件的运动尺寸、电动机功率，绘出机械系统运动简图，如图2-6所示。然后应对机械系统运动方案进行综合分析和评价，如不合适可进行适当修改或重新设计，直到满意为止。

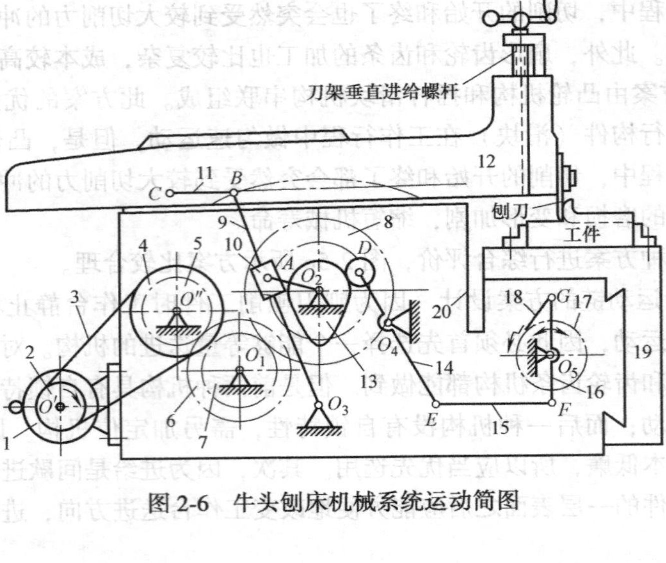

图2-6　牛头刨床机械系统运动简图

2.2　机构的创新

在按通常的工艺动作分解进行机构选型时，若所选择的机构形式虽能实现功能要求但存在着结构较复杂，或运动精度不当，或动力性能欠佳，或占据空间较大等缺点，设计者应充分利用自己所掌握的基本设计理论和设计方法及自己在设计、制造和使用方面所积累的经验，借鉴各行各业成功的案例和文献、刊物上刊载的各种机构的图例，启发自己的创新思路、开拓自己的创新能力，创造性地构思设计出结构简单、成本低廉、性能优良、新颖别致的新机构，这是一项比机构选型更具创造性的工作。

机构创新设计方法很多，这里介绍几种常用的方法。

1. 巧妙利用简单机构的运动特点构思新机构

认真研究并巧妙利用简单常用机构的运动特点，构思新机构来完成某一动作过程是机构创新的一种有效方法。

图 2-7 所示的车门开闭机构，巧妙地利用了反平行四边形机构运动时两曲柄转向相反的运动特点，使两扇车门同时打开或关闭。两扇车门 AE、DF 分别固接于反平行四边形机构（1-2-3-4）的两曲柄 1 和 3 上，当主动曲柄 1 位于 AB 位置时，车门位于 AE、DF 关闭位置，当主动曲柄 1 转至 AB_1 位置时，车门转至 AE_1、DF_1 打开位置。

图 2-8 所示为铸锭供料机构，其主机构是双摇杆机构（1-2-3-4），构件 5、6 构成了液压动力机构。主机构在位置 1234 处用连杆 2 将加热炉中的铸锭 8 接住后，转到位置 1′2′3′4 处，然后连杆 2 翻转 180°将铸锭 8 送到升降台 7 上。该机构利用连杆导引运动特性和连杆的特殊构形的位置与姿态构成了一种巧妙的出料机构。

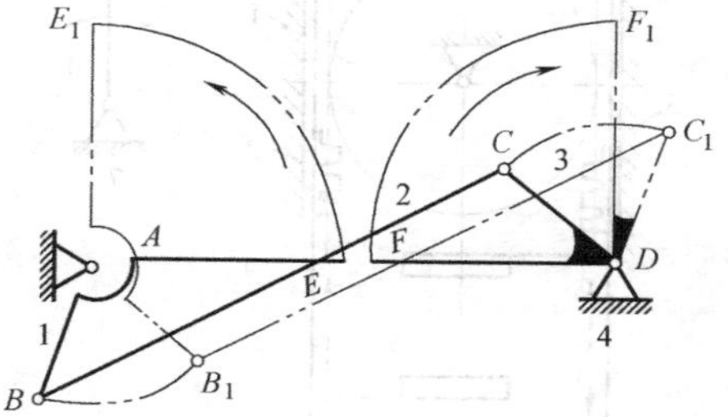

图 2-7　车门开闭机构

1、3—曲柄　2—连杆　4—机架

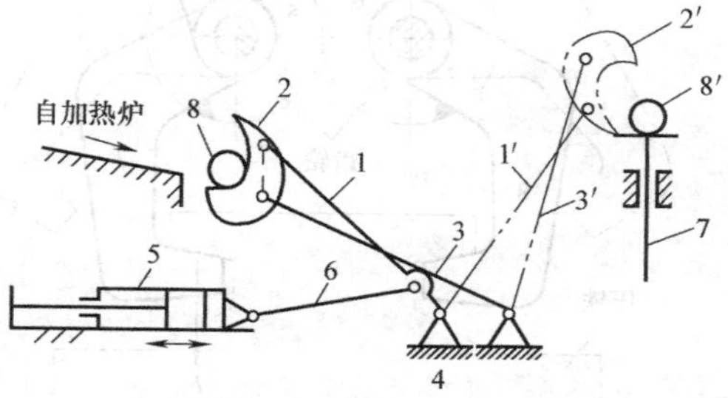

图 2-8　铸锭供料机构

1、3—摇杆　2、6—连杆　4—机架

5—液压缸　7—升降台　8—铸锭

图 2-9 所示为平行四边形移动式抓取机构示意图。如图 2-9a 所示，固接于活塞 1 的推杆 2 和扇形齿轮 3 构成齿轮齿条啮合机构，当活塞 1 上移时，通过扇形齿轮 3 带动对称布置的平行四边形机构 $OABO_1$，使手爪 5、6 做平行移动，从而夹紧工件。图 2-9b 所示为通过蜗杆、蜗轮带动平行四边形机构的移动式抓取机构。

2. 巧妙利用两构件相对运动关系构思新机构

图 2-10 所示为齿轮式自锁性抓取机构，由曲柄摇块机构（1-2-3-4）与齿轮机构（5-6）组成。活塞 2 为主动件，由液压缸提供动力。齿轮 5 与摇杆 3 固接，手爪 7、8 分别与齿轮 5、6 固接，齿轮机构的传动比等于 1。当液压缸内的液压推动活塞 2 时，驱动摇杆 3 带动齿

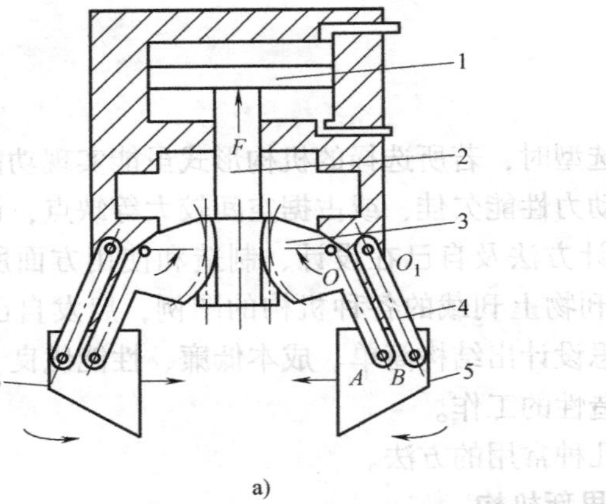

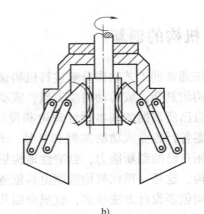

图 2-9　平行四边形移动式抓取机构

1—活塞　2—推杆　3—扇形齿轮　4—杆件　5、6—手爪

轮 5 绕 B 轴摆动，并驱动齿轮 6 同步反向运动。利用齿轮 5、6 转向相反的特性，即可实现夹持和松开压铁的动作。当手爪闭合夹持工件（如图示位置）时，工件对手爪的作用力 F 的方向线在手爪回转中心的外侧，故可实现自锁性夹紧。

图 2-11 所示为用于打包机中的双向加压机构。当扳动杠杆式操作手柄 4，使之逆时针摆动时，通过滑块 5 推动齿条 6，使齿轮 1 逆时针回转，与之啮合的齿条 2、3 沿相反方向移动，即可完成加压动作。反之，工件被松开。

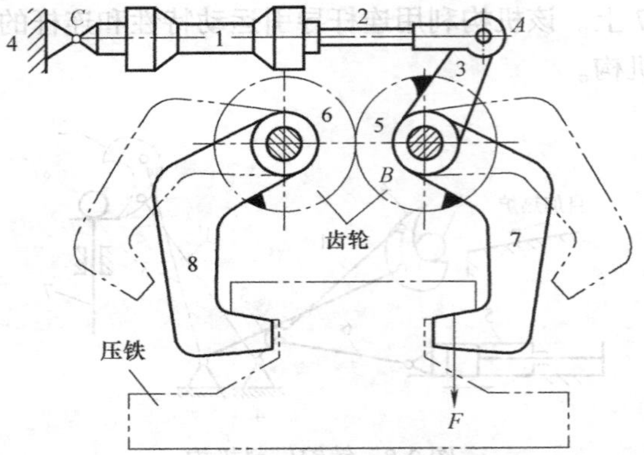

图 2-10　齿轮式自锁性抓取机构

1—液压缸　2—活塞　3—摇杆

4—机架　5、6—齿轮　7、8—手爪

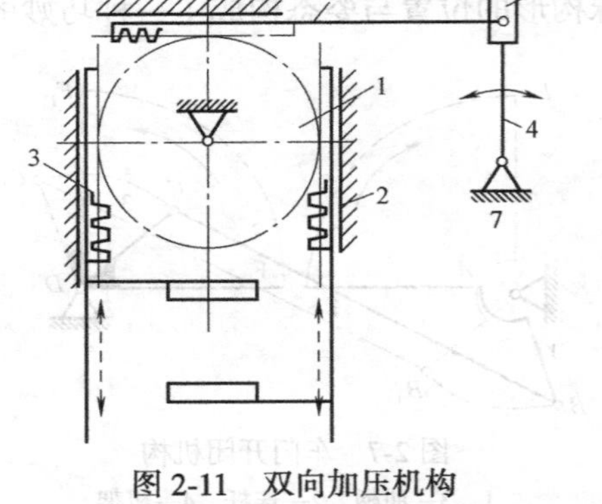

图 2-11　双向加压机构

1—齿轮　2、3、6—齿条　4—杠杆式操作手柄

5—滑块　7—机架

3. 基于机构组成原理的机构创新

根据机构组成原理，在一个机构上连接若干个基本杆组，可以构成新的机构来实现某种工艺动作或改善机构的功能。

例如，要求设计一个急回特性比较显著、运动行程比较大的加工平面的急回机构。根据已有知识可考虑使用导杆机构，在其上叠加杆组，将机构扩展，以增加机构急回特性并扩大执行构件工作行程。

如图 2-12a 所示，以摆动导杆机构 ABC 为基本机构，在其导杆 CB 延长线上的 D 点处连接一个二级杆组，形成一六杆机构。该机构增加了执行构件（滑块）的行程，且具有工作行程近似等速的优点。

如图 2-12b 所示，以转动导杆机构 ABC 为基本机构，先在其转动导杆 CB 的延长线上的 B'处连接一个二级杆组，形成一个以转动导杆 CB'（$A'B'$）为曲柄、以 $C'B'$为导杆的新的摆动导杆机构 $A'B'C'$，然后再在其摆动导杆 $C'B'$延长线上的 D 处添加一个二级杆组，形成一八杆机构。该机构可使执行构件滑块具有更大的行程和更显著的急回特性。

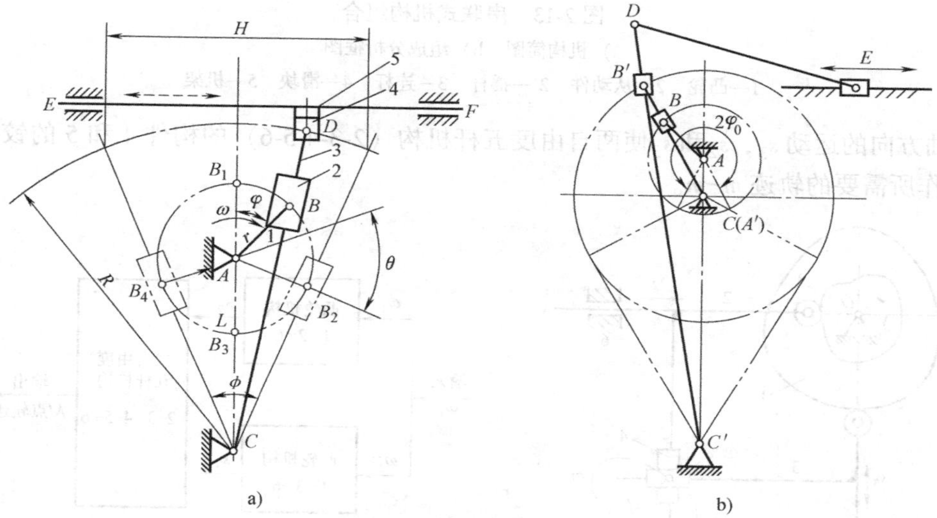

图 2-12　基于机构组成原理的机构创新

1—曲柄　2、4—滑块　3—导杆　5—移动件

4. 基于机构组合原理的机构创新

前面介绍了一些常用的机构，如连杆机构、凸轮机构、齿轮机构和间歇运动机构等，这些机构以独立的形式出现，能够单独实现运动和动力的传递，称为基本机构。利用这些基本机构，已经可以满足生产中提出的某些要求。但是，生产实践中对机构的要求是多种多样的，往往采用一种基本机构难以满足设计要求，因而常把几种基本机构组合起来使用。这种将两个或两个以上基本机构组合起来，满足一定要求的机构组合体，称为组合机构。组合机构不仅能够满足多种运动和动力要求，而且还能综合应用和发挥各种基本机构的特点，所以在生产实践中组合机构越来越得到了广泛的应用。常用的组合方式有串联、并联、复合、反馈和装载式（叠联式）组合。

（1）串联式组合　串联式机构组合是将若干个单自由度的基本机构顺序连接，以每一个前置机构的输出构件作为每一个后置机构的输入构件。图 2-13a 所示为一由凸轮机构（1-2-5）和摇杆滑块机构（2′-3-4-5）串联组成的凸轮-连杆组合机构，图 2-13b 所示为其组成分析框图。主动件为凸轮 1，凸轮机构的滚子摆动从动件 2 与摇杆滑块机构的输入件 2′固接，输入运动 ω_1经过两套基本机构的串联组合，由滑块 4 输出运动 v_4。

（2）并联式组合　两个或两个以上基本机构并列布置，称为并联式机构组合。图 2-14a 所示为一并联式凸轮-连杆组合机构，图 2-14b 为其组成分析框图。凸轮 1 和 1′装在同一轴 O 上，输入运动 ω_1后，经过二套并联的凸轮机构（1-2-6 和 1′-3-6），分别输出 x 轴方向的运动

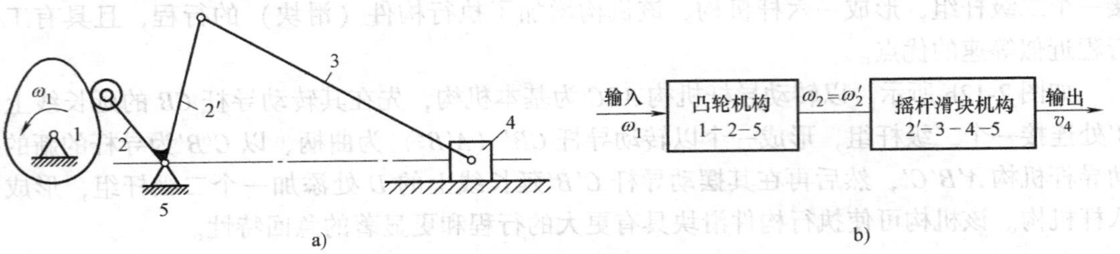

图 2-13　串联式机构组合

a）机构简图　b）组成分析框图

1—凸轮　2—从动件　2′—摇杆　3—连杆　4—滑块　5—机架

s_2和 y 轴方向的运动 s_3，s_2和 s_3使两自由度五杆机构（2-3-4-5-6）的构件 4 和 5 的铰接点 M 走出工作所需要的轨迹 m-m。

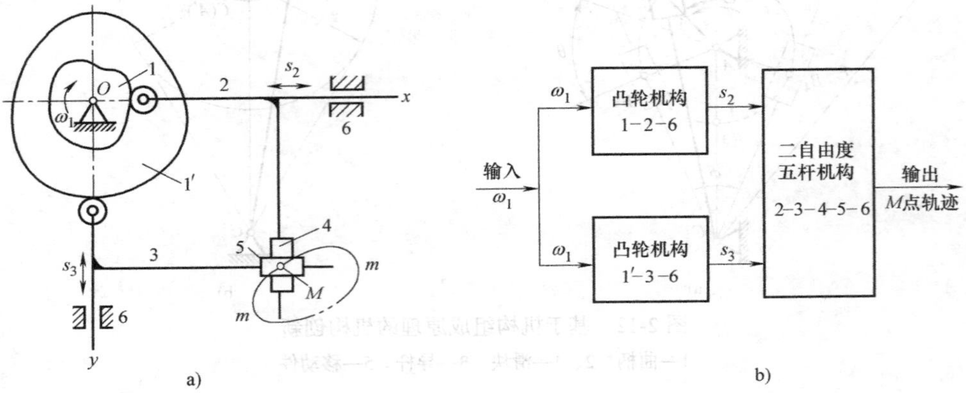

图 2-14　并联式机构组合

a）机构简图　b）组成分析框图

1、1′—凸轮　2、3—从动件　4、5—滑块　6—机架

（3）复合式组合　复合式组合是指以一个两自由度的基本机构作为基础机构和一个单自由度基本机构作为附加机构组合在一起，基础机构的两个输入运动，一个直接来自机构的主动构件，另一个则来自附加机构，最后将这两个输入运动合成为一个输出运动。图 2-15a 所示为一复合式凸轮-连杆组合机构，其由单自由度凸轮机构（1′-4-5）和两自由度五杆机构（1-2-3-4-5）组合而成。基础机构曲柄 1 和原动凸轮 1′固接，从动件 4 是两个基本机构的公

图 2-15　复合式机构组合

a）机构简图　b）组成分析框图

1—曲柄　1′—凸轮　2、3—连杆　4—从动件　5—机架

共构件。当原动凸轮1′转动时，一方面直接给五杆机构输入转动 φ_1，同时通过凸轮机构给五杆机构输入位移 s_4，故此五杆机构的运动就确定了。构件2或3上任一点（例如它们的转动副中心 C）的运动轨迹是 φ_1 和 s_4 运动的合成，所以该机构能精确实现比四杆机构连杆曲线更为复杂的轨迹。图2-15b所示为其组成分析框图。

（4）反馈式组合 反馈式组合是以一个多自由度的基本机构作为基础机构，一个单自由度的基本机构作为附加机构。原动件的运动先输入基础机构，该机构的一个输出运动经过附加机构的输出，又反馈给基础机构。图2-16a所示为一反馈式齿轮-连杆组合机构，图2-16b所示为其组成分析框图。它是由一个二自由度的铰链五杆机构（1-2-3-4-5）和一单自由度行星轮系（z_3-z_5-4）所组成。行星轮 z_3 与连杆3固接，其中心与连杆4在 D 点铰接。太阳轮 z_5 与机架5固接不动，其中心与连杆4在 E 点铰接。输入运动为 ω_1，经过这两套基本机构的反馈型组合，使连杆2和连杆3的铰接点 C 输出工作所需要的运动轨迹 m-m。

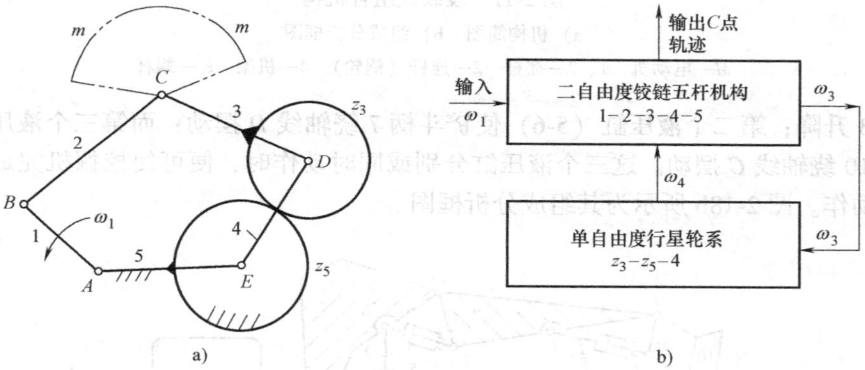

图2-16 反馈式组合机构

a）机构简图 b）组成分析框图

1—曲柄 2、3、4—连杆 5—机架 z_3、z_5—齿轮

（5）装载式组合（叠联式组合） 装载式组合是将一个机构（包括其动力源）装载在另一个机构的活动构件上的组合方式。各基本机构没有共同的机架，而是互相叠联在一起。前一个基本机构的输出构件是后一个基本机构的相对机架，基本机构各自进行运动，系统输出则为各机构运动叠加而成。叠联式组合机构的主要功能是实现特定的输出，完成复杂的工艺动作。

图2-17a所示为一装载式的蜗杆-连杆组合机构，即电风扇自动摇头机构，图2-17b为其组成分析框图。它是由一蜗杆机构（z_5-z_2）装载在一双摇杆机构（1-2-3-4）上所组成，电动机 M 装在摇杆1上，驱动蜗杆 z_5 带动风扇转动，蜗轮 z_2 与连杆2固接，其中心与摇杆1在 B 点铰接。当电动机 M 带动风扇以角速度 ω_{51} 转动时，通过蜗杆机构使摇杆1以角速度 ω_1 来回摆动，从而达到风扇自动摇头的目的。

图2-18a所示为由三个液压缸组成的叠联式挖掘机构。其第一个基本机构（3-2-1-4）的机架4是挖掘机的机身；第二个基本机构（7-6-5-3）叠联在第一个基本机构的输出件3上，即以3作为它的相对机架；第三个基本机构（10-9-8-7）又叠联在第二个基本机构的输出件7上，即以7作为它的相对机架。这三个基本机构都各有一个动力源。第一个液压缸（1-2）

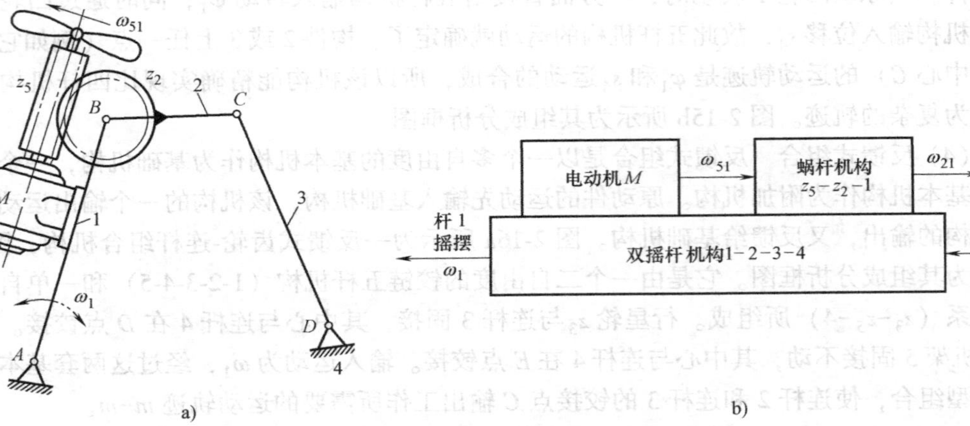

图 2-17 装载式组合机构

a）机构简图 b）组成分析框图

M—电动机 1、3—摇杆 2—连杆（蜗轮） 4—机架 z_5—蜗杆

带动大臂 3 升降；第二个液压缸（5-6）使铲斗柄 7 绕轴线 D 摆动；而第三个液压缸（8-9）带动铲斗 10 绕轴线 G 摆动。这三个液压缸分别或同时动作时，便可使挖掘机完成挖土、提升和卸载动作。图 2-18b 所示为其组成分析框图。

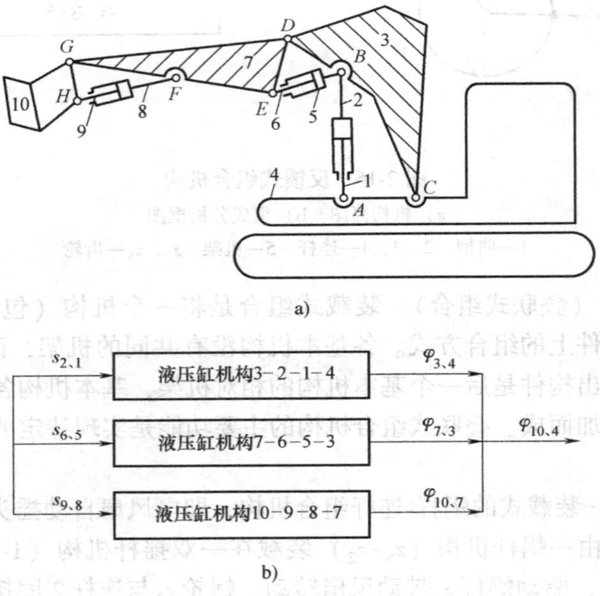

图 2-18 叠联式组合机构

a）机构简图 b）组成分析框图

1、6、9—活塞 2、5、8—气缸 3—大臂 4—机架 7—铲斗柄 10—铲斗

5. 通过机构类型变异进行机构创新

在机构构思设计时要凭空想出一个能实现预期动作要求的新机构，往往比较困难。但我

们已经熟悉一些基本机构的结构特点及其运动原理，已经知道机构的运动主要取决于构件和运动副的形状、尺寸、位置，那么通过改变构件和运动副形状、尺寸和位置以及增加辅助构件、机构倒置来对基本机构进行变异，从而创新构思出能实现预期动作要求的新机构，是机构创新的另一重要途径。

（1）改变构件形状　图 2-19 所示为直槽摆动导杆机构。当曲柄 1 逆时针方向由 O_1A 转过角度 2φ 到 O_1B 时，导杆 2 从 O_2A 顺时针方向转过角 2ψ 到 O_2B，曲柄继续由 O_1B 转至 O_1A 时，导杆又由 O_2B 逆时针方向摆回到 O_2A。现若作如图 2-20a 所示结构上的变化，将滑块变成滚子，并将导杆 2 做成轮状，而在轮上每隔 2ψ 角度开一个槽，然后以 O_2 为圆心，O_2A 为半径作圆，沿该圆将轮分为 2 和 2′两部分，两部分都能绕 O_2 转动。这样，当曲柄逆时针方向由 O_1A 转至 O_1B 时，滚子在轮 2 的槽Ⅰ中滑动，并推动轮 2 顺时针方向转过角 2ψ，使轮 2 的槽Ⅳ转至位置 A（此过程中轮 2′不动）。曲柄继续转动时，滚子由 B 进入轮 2′的槽Ⅱ中，推动轮 2′逆时针方向转过角 2ψ，使轮 2′的槽Ⅱ转到位置 A（此过程中轮 2 不动），同轮 2 的槽Ⅳ在位置 A 对齐。依此类推，曲柄连续转动时，轮 2 和 2′依次做单向间歇转动。通常，轮 2 和 2′分别与曲柄 1 单独组成机构。于是，如图 2-19 所示的直槽导杆机构演化成如图 2-20b 所示由 1 和 2 组成的外槽轮机构和如图 2-20c 所示由 1 和 2′组成的内槽轮机构。

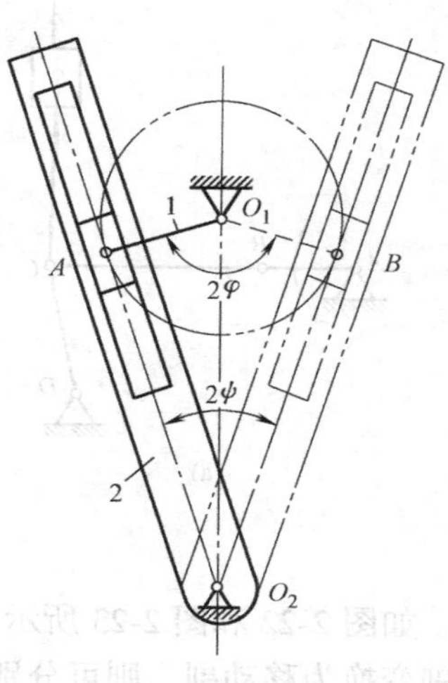

图 2-19　直槽摆动导杆机构
1—曲柄　2—导杆

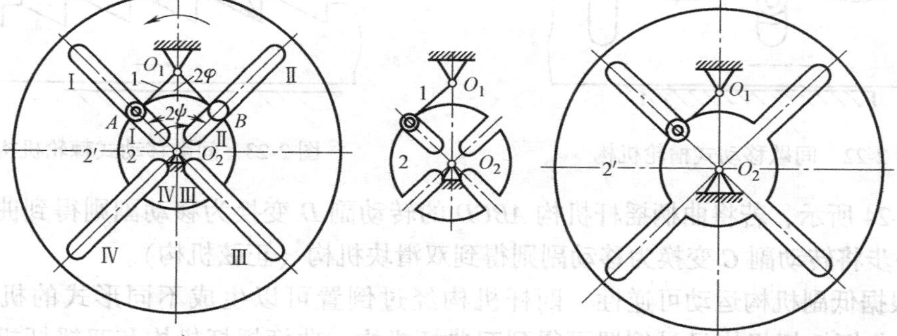

图 2-20　摆动导杆机构的变异
1—曲柄　2—外槽轮　2′—内槽轮

（2）运动副变换　通过运动副变换生成新的机构是机构创新的常用方法之一。常用的运动副变换有转动副变换为移动副，高、低副互代。

如图 2-21a 所示，为了使执行构件滑块 F 在行程极限位置附近得到较长时间的停歇，可将曲柄摇杆机构 $ABCD$ 和曲柄滑块机构 DCF 在两机构的从动件 CD 和滑块 F 均处于速度零位时串联。根据机构串联组合方式的特点，由于在该位置的前后，两者的速度都很小，因而滑块速度在较长时间内近似为零，从而实现了近似停歇功能。

若将该铰链四杆机构的连杆 BC 与从动摇杆 DC 相连的转动副 C 变为移动副，则可得到如图 2-21b 所示的摆动导杆机构与摆杆滑块机构的串联组合方案。为了使滑块 F 在行程的一端获得准确的停歇功能，可将滑块 B 改成滚子，导杆槽由直槽改为带有一段圆弧的曲线槽，且使其圆弧槽的半径等于曲柄长度 AB，其圆心与曲柄转轴 A 重合，如图 2-21c 所示。经过如上变异后，当曲柄 AB 转至导杆曲线槽圆弧段位置时，滑块 F 将获得准确的停歇。

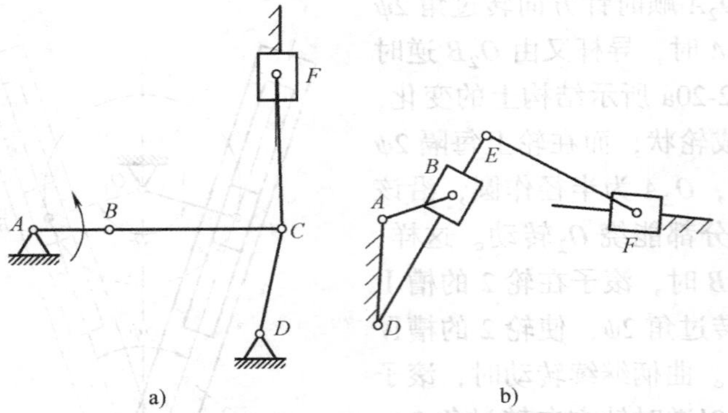

图 2-21　运动副的变换

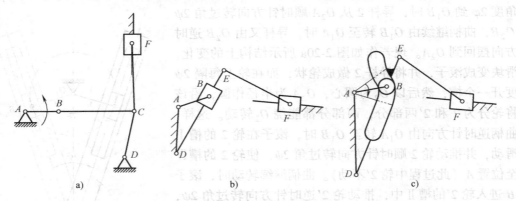

如图 2-22 和图 2-23 所示，若将槽轮机构和棘轮机构中槽轮和棘轮改变形状，并将其转动副变换为移动副，则可分别得到间歇移动式槽轮机构和间歇移动式棘轮机构。

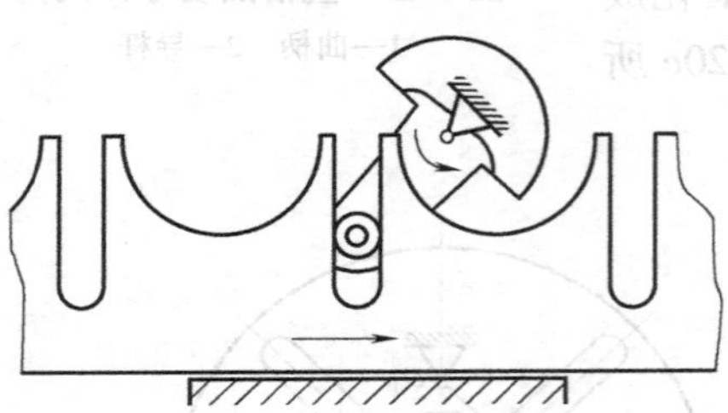

图 2-22　间歇移动式槽轮机构

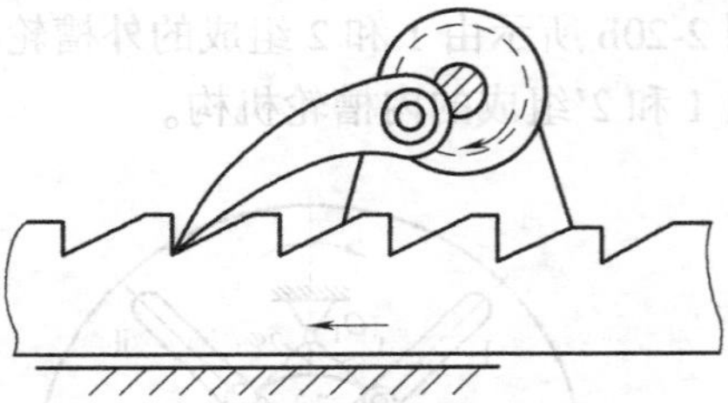

图 2-23　间歇移动式棘轮机构

如图 2-24 所示，若将曲柄摇杆机构 $ABCD$ 的转动副 D 变换为移动副则得到曲柄滑块机构，若进一步将转动副 C 变换为移动副则得到双滑块机构（正弦机构）。

（3）根据低副机构运动可逆性，四杆机构经过倒置可以生成不同形式的机构　如图 2-24所示，曲柄摇杆机构经过倒置可得到双曲柄机构、曲柄摇杆机构和双摇杆机构等；曲柄滑块机构经过倒置可以得到转动导杆机构、摆动导杆机构、曲柄摇块机构和移动导杆机构等；双移动副四杆机构经过倒置可以得到正弦机构、正切机构、双转块机构和双滑块机构等。巧妙应用机构倒置的概念，研究现有机构的内在联系，构思新机构是机构创新的一个有效途径。

（4）改变运动副的尺寸　改变运动副尺寸主要是指增大转动副或移动副尺寸。

图 2-25a 所示为曲柄滑块机构。当转动副 B 的直径尺寸加大到将转动副 A 包含在其中时，曲柄 1 就变成了一偏心轮，若偏心轮和圆环形连杆组成的转动副能使连杆紧贴固定的机架内壁运动，则曲柄滑块机构变异成图 2-25b 所示的活塞泵。当移动副扩大，将转动副 A、B

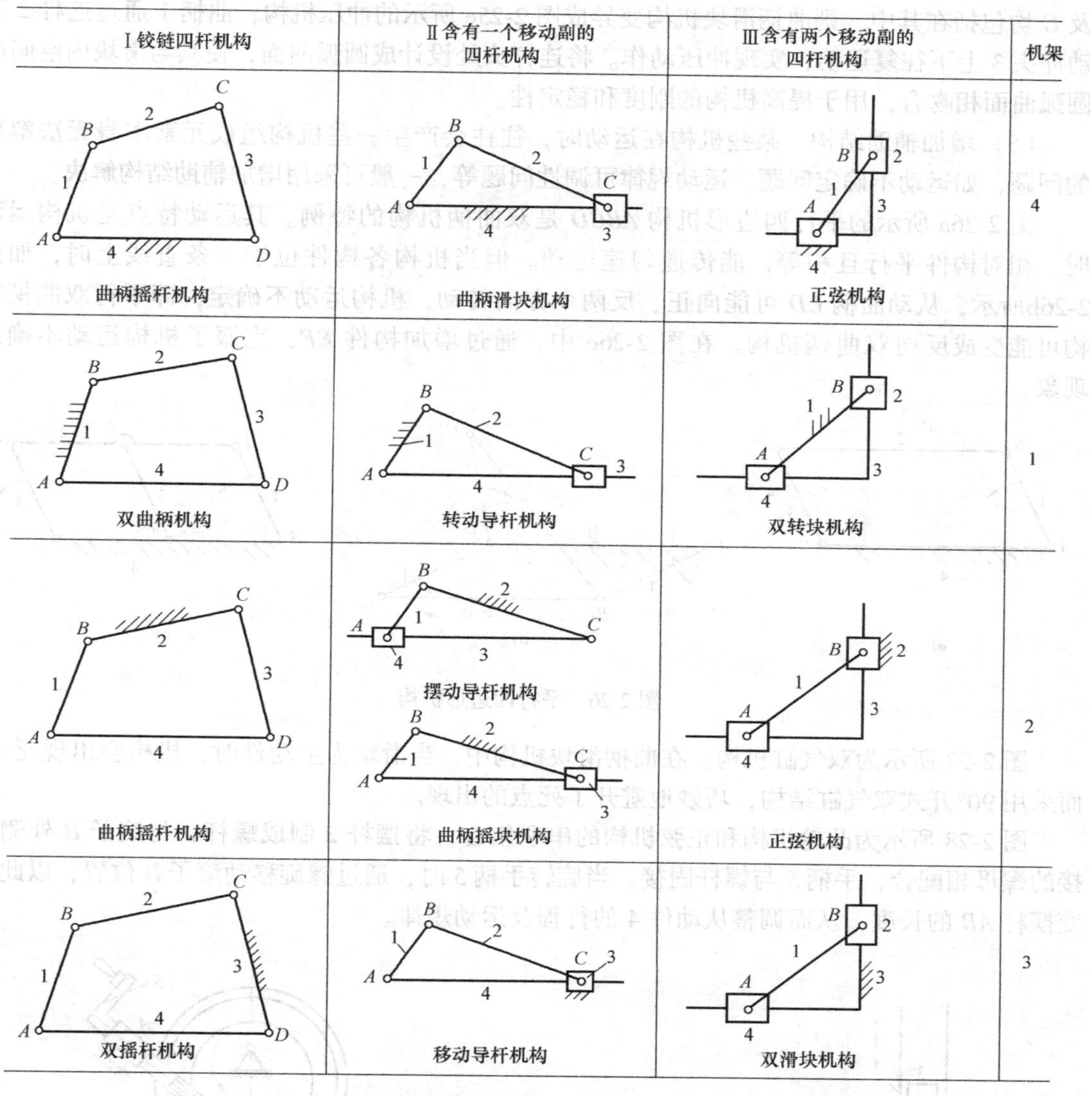

图 2-24　四杆机构的倒置和变异

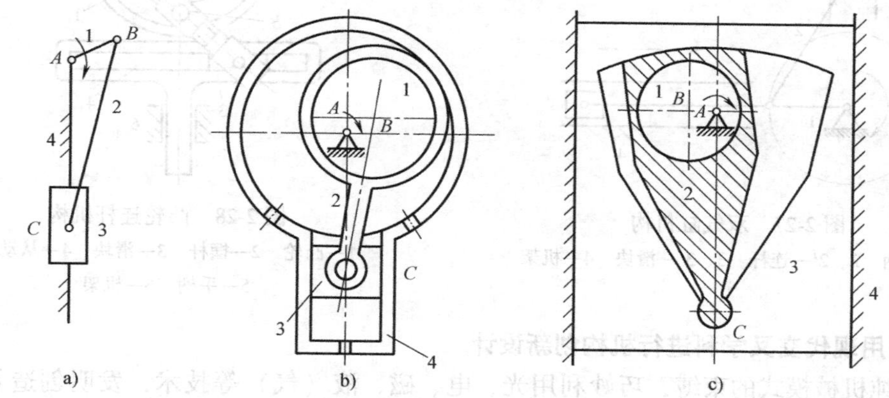

图 2-25　改变运动副尺寸应用实例

及 C 均包括在其中，则曲柄滑块机构变异成图 2-25c 所示的冲压机构，曲柄 1 通过连杆 2 带动冲头 3 上下往复运动，实现冲压动作。将连杆头处设计成圆弧曲面，使其与滑块内空间的圆弧曲面相吻合，用于提高机构的刚度和稳定性。

（5）增加辅助结构　某些机构在运动时，往往会产生一些机构组成元素本身无法解决的问题，如运动不确定问题、运动规律可调性问题等，一般可采用增加辅助结构解决。

图 2-26a 所示的平行四边形机构 $ABCD$ 是双曲柄机构的特例。其运动特点是机构运动时，相对构件平行且相等，能传递匀速运动。但当机构各构件位于一条直线上时，如图 2-26b所示，从动曲柄 CD 可能向正、反两个方向转动，机构运动不确定，即平行双曲柄机构可能变成反向双曲柄机构。在图 2-26c 中，通过增加构件 EF，克服了机构运动不确定现象。

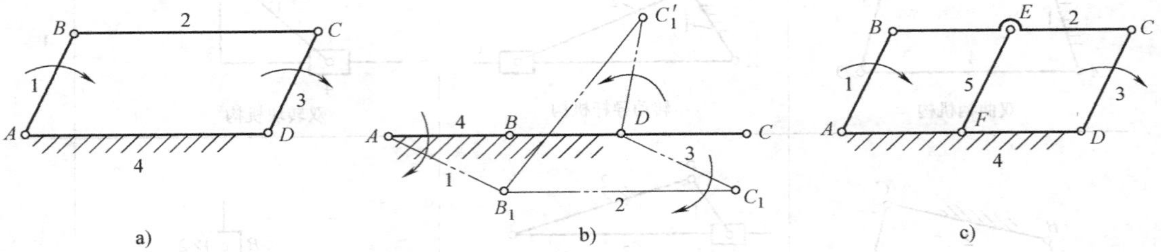

图 2-26　平行四边形机构

图 2-27 所示为双气缸机构。在曲柄滑块机构中，当滑块为主动件时，机构会出现死点，而采用 90°开式双气缸结构，巧妙地避开了死点的出现。

图 2-28 所示为凸轮机构和正弦机构的串联组合，将摆杆 2 制成螺杆，与滚子 B 外侧固接的螺母相配合，手柄 5 与螺杆固接。当旋转手柄 5 时，通过螺旋移动滚子 B 位置，以此改变摆杆 AB 的长度，从而调整从动件 4 的行程及运动规律。

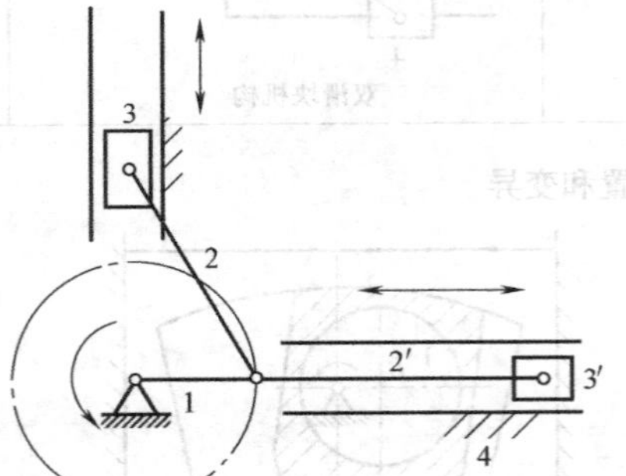

图 2-27　双气缸机构

1—曲柄　2、2′—连杆　3、3′—滑块　4—机架

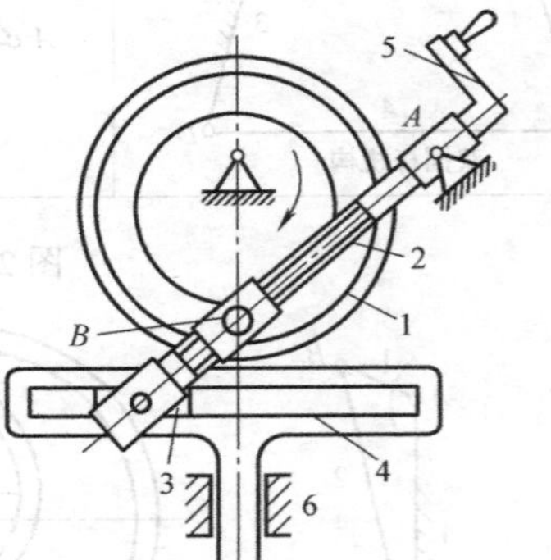

图 2-28　凸轮连杆机构

1—凸轮　2—摆杆　3—滑块　4—从动件　5—手柄　6—机架

6. 应用现代交叉学科进行机构创新设计

摆脱纯机械模式的束缚，巧妙利用光、电、磁、液（气）等技术，发明创造新机构是机构创新的又一重要途径。

图 2-29 所示为一光电动机的原理图，其受光面 2 一般是光伏电池，三只光伏电池组成三角形，与电动机的转子轴 1 固接。光伏电池提供电动机转动的能量，电动机一转动，光伏电池也跟着转动，动力就由电动机转轴输出。由于受光面连成一个三角形，所以当光的照射方向改变时，也不影响电动机的起动。这样，光电动机就将光量转变为机械能。

图 2-30 所示为电锤机构，当电流通过电磁铁 1 时，利用两个线圈的交变磁化作用，使锤头 2 做往复直线运动。直流电的电锤有一快速电流转向器，且每分钟冲击次数用电压进行调解。交流电的电锤每分钟有恒定的冲击次数，它由所提供电流的频率来决定。

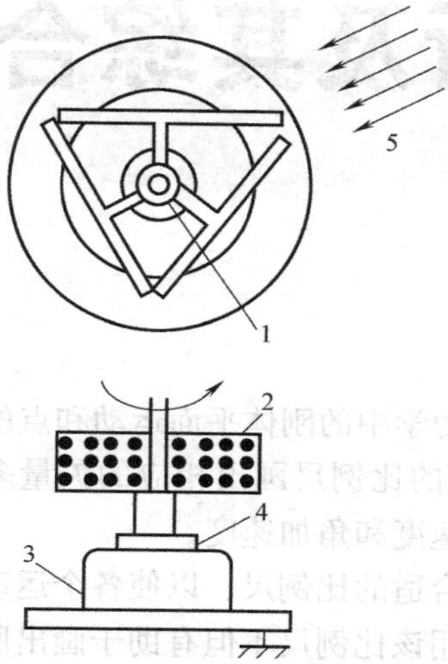

图 2-29　光电动机的原理图

1—转子轴　2—光伏电池　3—固定子　4—滑环　5—太阳光线

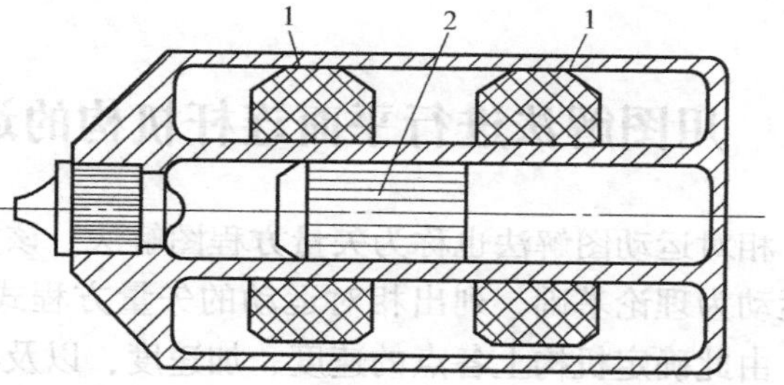

图 2-30　电锤机构

1—电磁铁　2—锤头

第 3 章

平面连杆机构的分析及其综合

3.1 用图解法进行平面连杆机构的运动分析

相对运动图解法也称为矢量方程图解法。该方法以理论力学中的刚体平面运动和点的复合运动为理论基础，列出相对运动的矢量方程式，并按选定的比例尺画出相应的矢量多边形，由此确定机构上各点的速度、加速度，以及各构件的角速度和角加速度。

利用图解法对机构进行运动分析的关键步骤之一是选择合适的比例尺，以使各个运动参数的矢量清晰地表示出来。下面介绍一种原动件比例尺，利用该比例尺不但有助于画出所求点的运动参数，而且还能直接从机构运动简图上测量出机构原动件的运动参数，并方便地检测出矢量多边形求解的准确性。

3.1.1 利用原动件比例尺做同一构件上两点间的速度及加速度求解

图 3-1a 所示为铰链四杆机构 *ABCD* 的机构运动简图。各杆的实际长度分别为l_{AB}、l_{BC}、l_{CD}、l_{DA}，选定长度比例尺μ_l，求得机构运动简图所需的各杆的长度尺寸分别为$\overline{AB}$、$\overline{BC}$、$\overline{CD}$、$\overline{DA}$，即可画出该机构的运动简图。

原动件在 *B* 点的速度大小为

$$v_B = l_{AB}\omega_1 = \overline{AB}\mu_l\omega_1 = |\overrightarrow{pb}|\mu_v$$

式中，令$\mu_v = \mu_l\omega_1$，则$|\overrightarrow{pb}| = \overline{AB}$。$\mu_v$称为原动件速度比例尺。由此，可从机构运动简图上测量出原动件在 *B* 点的速度值，与 *C* 点的速度多边形矢量图（图 3-1b）中的相应矢量进行比较，即可测得矢量图的准确性。*C* 点的速度矢量方程为

	$v_C =$	v_B	+	v_{CB}
大小	?	√		?
方向	$\perp CD$	$\perp AB$		$\perp BC$

原动件在 *B* 点的加速度为

$$a_B = l_{AB}\omega_1^2 = \overline{AB}\mu_l\omega_1^2 = |\overrightarrow{p'b'}|\mu_a$$

式中，令 $\mu_a=\mu_l\omega_1^2$，则 $|\overrightarrow{p'b'}|=\overline{AB}$。由原动件速度比例尺关系式可知 $\omega_1=\mu_v/\mu_l$，得 $\mu_a=\mu_v^2/\mu_l$。μ_a 称为原动件加速度比例尺。同理，可从机构运动简图上量出原动件在 B 点的加速度值。C 点的加速度多边形矢量图如图 3-1c 所示。C 点的加速度矢量方程为

	$\boldsymbol{a}_C=\boldsymbol{a}_C^{\text{n}}+$	$\boldsymbol{a}_C^{\text{t}}=$	$\boldsymbol{a}_B+$	$\boldsymbol{a}_{CB}^{\text{n}}+$	$\boldsymbol{a}_{CB}^{\text{t}}$
大小	√	?	√	√	?
方向	$C\to D$	$\perp CD$	$B\to A$	$C\to B$	$\perp BC$

式中，C 点相对 B 点的法向加速度的大小为

$$a_{CB}^{\text{n}}=\frac{v_{CB}^2}{l_{BC}}=\frac{|\overrightarrow{bc}^2|\mu_v^2}{\overline{BC}\mu_l}=|\overrightarrow{b'c''}|\mu_a$$

由原动件加速度比例尺关系式可得

$$\frac{|\overrightarrow{bc}|^2}{\overline{BC}}=|\overrightarrow{b'c''}|$$

式中，表示 a_{CB}^{n} 大小的矢量 $\overrightarrow{b'c''}$ 的模可以这样求得：在机构运动简图上以 BC 为直径，以 BC 中点为圆心画半圆；再以 B 为圆心，以经校核后的 C 点的速度多边形矢量图上的 $|\overrightarrow{bc}|$ 为半径画弧，与半圆交于 E 点；过 E 点作 EF 垂直 BC，则 BF 的长度即为 $|\overrightarrow{b'c''}|$。此方法应用了直角三角形的射影定理。

同理可求 a_C^{n}：

$$a_C^{\text{n}}=\frac{v_C^2}{l_{CD}}=\frac{|\overrightarrow{pc}|^2\mu_v^2}{\overline{CD}\mu_l}=|\overrightarrow{p'c'''}|\mu_a$$

由原动件加速度比例尺可得

$$\frac{|\overrightarrow{pc}|^2}{\overline{CD}}=|\overrightarrow{p'c'''}|$$

式中，表示 a_C^{n} 大小的线段 $\overrightarrow{p'c'''}$ 可以这样求得：在运动简图上以 CD 为直径，CD 的中点为圆画半圆；再以 C 为圆心，以图 3-1b 上 $|\overrightarrow{pc}|$ 为半径画弧，与半圆交于 G 点，过 G 点作直线 GH 垂直 CD，则 CH 的长度即为 $|\overrightarrow{p'c'''}|$。这样就可以不用通过比例尺之间的换算，通过画图

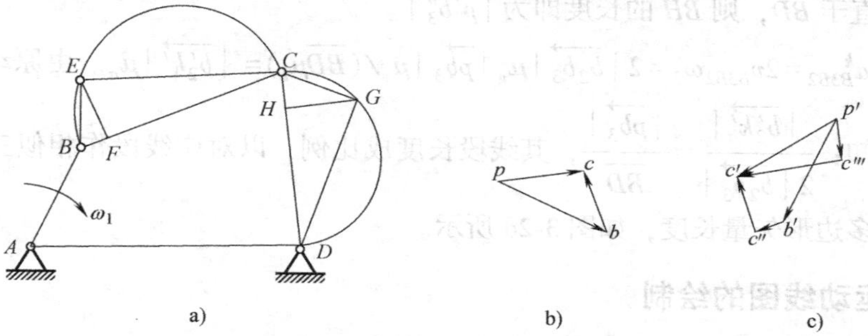

图 3-1　同一构件两点间的运动分析

a) 铰链四杆机构简图　b) C 点的速度多边形矢量图　c) C 点的加速度多边形矢量图

求出未知量的大小。

3.1.2 利用原动件比例尺做两构件瞬时重合点的速度及加速度求解

图 3-2a 所示为曲柄摆动导杆机构 ABD 的机构简图。已知各杆的实际长度 l_{AB}、l_{AD} 以及 B、D 两点之间的瞬时长度 l_{BD}，选定长度比例尺 μ_l，求得机构运动简图上各长度尺寸分别为 $\overline{AB}$、$\overline{AD}$、$\overline{BD}$，即可画出该机构运动简图。

采用图解法求解重合点 B 的速度，原动件速度比例尺仍定为 $\mu_v=\mu_l\omega_1$。

构件 3 上 B 点的速度为

	$\boldsymbol{v}_{B3}=$	$\boldsymbol{v}_{B2}$ +	$\boldsymbol{v}_{B3B2}$
大小	?	√	?
方向	$\perp BD$	$\perp AB$	$\parallel BD$

作速度多边形矢量图如图 3-2b 所示，其中 $v_{B2}=v_{B1}=l_{AB}\omega_1=\overline{AB}\mu_l\omega_1=|\overrightarrow{pb_2}|\mu_v$，故由原动件速度比例尺关系式可知：$|\overrightarrow{pb_2}|=\overline{AB}$。

$$\omega_2=\omega_3=|\overrightarrow{pb_3}|\mu_v/(\overline{BD}\mu_l)\text{（顺时针方向）}$$

图解法求解重合点 B 的加速度，原动件加速度比例尺仍定为：$\mu_a=\mu_l\omega_1^2=\mu_v^2/\mu_l$。

构件 3 上 B 点的加速度为

	$a_{B3}=a_{B3}^{n}+$	$a_{B3}^{t}=$	$a_{B2}+$	$a_{B3B2}^{k}+$	a_{B3B2}^{n}
大小	√	?	√	√	?
方向	$B\to D$	$\perp BD$	$B\to A$	$\perp BD$	$\parallel BD$

作加速度多边形如图 3-2c 所示，其中 $a_{B2}=l_{AB}\omega_1^2=\overline{AB}\mu_l\omega_1^2=|\overrightarrow{p'b_2'}|\mu_a$，故由原动件加速度比例尺关系式可知：$|\overrightarrow{p'b_2'}|=\overline{AB}$。

式中，$a_{B3}^{n}=\dfrac{v_{B3}^2}{l_{BD}}=\dfrac{|\overrightarrow{pb_3}|^2\mu_v^2}{\overline{BD}\mu_l}=\overrightarrow{p'b_3''}\mu_a$，由原动件加速度比例尺可得 $|\overrightarrow{p'b_3''}|=|\overrightarrow{Pb_3}|^2/\overline{BD}$，同样，可以利用射影定理求出其大小。如图 3-2a 所示，在机构简图上以 $\overline{BD}$ 为直径，以 BD 中点为圆心画半圆；再以 B 为圆心，以速度多边形上的 $|\overrightarrow{pb_3}|$ 为半径画弧，与半圆交于 G 点，过 G 点作 GH 垂直于 BD，则 BH 的长度即为 $|\overrightarrow{p'b_3''}|$。

科氏加速度 $a_{B3B2}^{k}=2v_{B3B2}\omega_3=2|\overrightarrow{b_2b_3}|\mu_v|\overrightarrow{pb_3}|\mu_v/(\overline{BD}\mu_l)=|\overrightarrow{b_2'k'}|\mu_a$。由原动件加速度比例尺关系式可知：$\dfrac{|\overrightarrow{b_2'k'}|}{2|\overrightarrow{b_2b_3}|}=\dfrac{|\overrightarrow{pb_3}|}{\overline{BD}}$，其线段长度成比例，以对应线段作相似三角形，求得科氏加速度的多边形矢量长度，如图 3-2d 所示。

3.1.3 机构运动线图的绘制

通过绘制机构运动线图有利于掌握机构的性能。机构运动线图可清晰地描述出机构在整个运动循环中的位移、速度和加速度的变化情况，并可作为机构设计的重要参考资料。

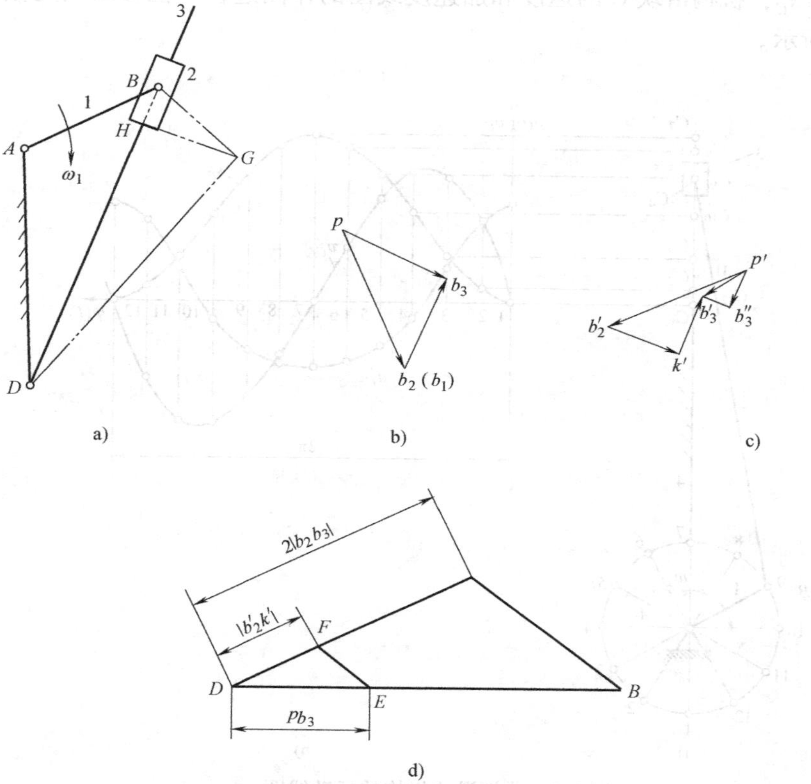

图 3-2　两构件瞬时重合点的运动分析

a）曲柄摆动简图　b）速度多边形　c）B 点的加速度多边形矢量图　d）图解科氏加速度

现以图 3-3a 所示的曲柄滑块机构为例说明机构运动线图的绘制方法。主动曲柄 1 以等加速度 $\boldsymbol{\omega}_1$ 逆时针方向转动，首先通过图解法或解析法求得从动件滑块 C 在各位置的位移 $\boldsymbol{s}_C$、速度 $\boldsymbol{v}_C$、加速度 $\boldsymbol{a}_C$，则可绘制其运动线图，如图 3-3b 所示。

1. 位移线图的绘制

1）选取长度比例尺 μ_l（m/mm），作出机构运动简图。

2）取曲柄 AB 的最低位置为起始位置，沿 ω_1 转向将 B 点轨迹（即以 A 点为圆心、$\overline{AB}$ 为半径所作的圆）分成 12 等份（等分数越多作图精确度越高），得 B 点一系列位置 1，2，3，…，12。

3）由 B 点的对应位置作出滑块 C 的一系列位置 C_1，C_2，C_3，…，C_{12}。

4）取直角坐标系作位移线图。纵坐标轴代表滑块 C 的位移 s_C 速度 v_C 或加速度 a_C，取位移比例尺 $\mu_s=\mu_l$；横坐标轴代表曲柄 AB 的转角 $\varphi(t)$，在其上取 L（mm）对应曲柄转一周的转角 $\varphi=2\pi(360°)$。

5）让横坐标轴通过滑块 C 的最低位置 C_1 点，且与滑块移动导路垂直，并将横坐标轴上的线段长 L 分成与 B 点所在圆周对应的等份，过各等分点作横坐标轴的垂线，将 C_1，C_2，C_3，…，C_{12}分别向对应等分点的垂线投影得交点，将这些交点连成一光滑曲线，即得到滑

块 C 的位移线图 s_C，机构滑块 C 的速度和加速度线图的作图过程与位移线图类似，不再赘述，如图 3-3b 所示。

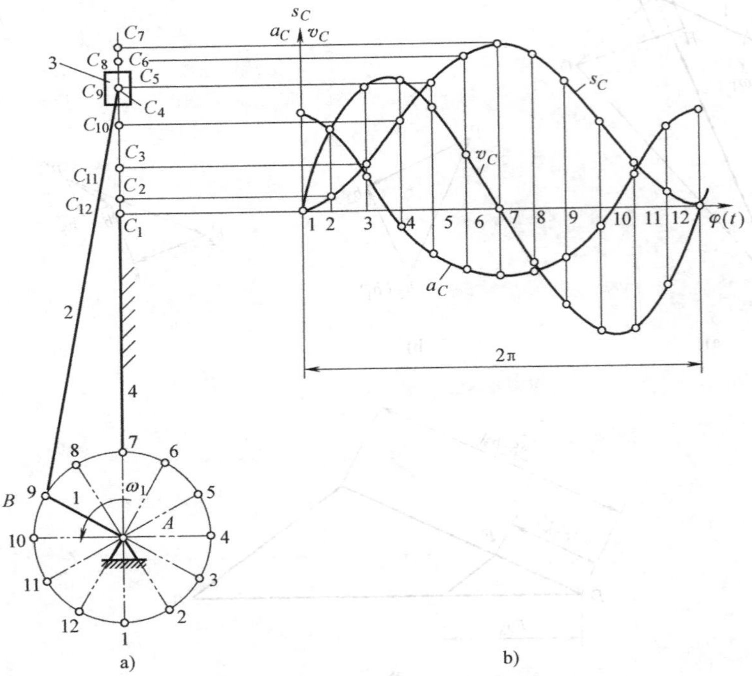

图 3-3 曲柄滑块机构的运动线图

a）曲柄滑块机构简图 b）机构上点 C 的位移、速度和加速度线图

2. 利用图解微分法绘制速度或加速度线图

速度或加速度线图不但可以通过描点法绘制，如图 3-3b 所示，还可以利用图解微分法绘制。这是由于位移、速度和加速度这些物理量在数学上有微积分关系，所以也可不必通过机构各个位置的速度图解和加速度图解，而直接利用图解微分法作出相应的速度线图和加速度图。下面介绍根据位移线图用弦线微分图解法绘制速度线图。

设有一位移线图 $S=S(t)$，如图 3-4 所示。纵坐标轴代表位移 s，所用的比例尺为μ_s（m/mm）；横坐标轴代表时间 t，所用的比例尺为 μ_t（s/mm）。求位移线图上某点 C 的速度时，如能作出该点的切线 t-t，则所作切线的斜率即代表该点的速度。由于切线不容易准确作出，在工程上常用邻近两点间弦线的斜率来作为切线的斜率。在 C 点左右两侧作两条 C 点等距的纵坐标线与位移线图相交于 l 点及 n 点，由于弦线 ln 与中点 C 的切线接近平行，所以 C 点的速度可表示为

$$v=\frac{\mathrm{d}s}{\mathrm{d}t}=\frac{\mu_s\mathrm{d}y}{\mu_t\mathrm{d}x}=\frac{\mu_s\Delta y}{\mu_t\Delta x} \tag{3-1}$$

一般 Δx 取得越小时，弦线的斜率和中点的切线斜率就越接近，因而算出的速度的精确度也越高。为了节省计算和作图的工作量，一般常取各个时间间隔 Δx 相等，于是可将式（3-1）中的$\mu_s/(\mu_t\Delta x)$ 合成为一个常数 K，从而只要依次量出各个时间间隔对应的 Δy，就可算出相应各时间间隔中点的速度，即

$$v=K\Delta y \tag{3-2}$$

例如，在图 3-4 中 C、D 点的速度分别等于 K（$\overline{mn}$）、K（$\overline{qp}$）。速度算出后，再选择适当的比例尺 μ_v 进行换算，即可作出速度线图。

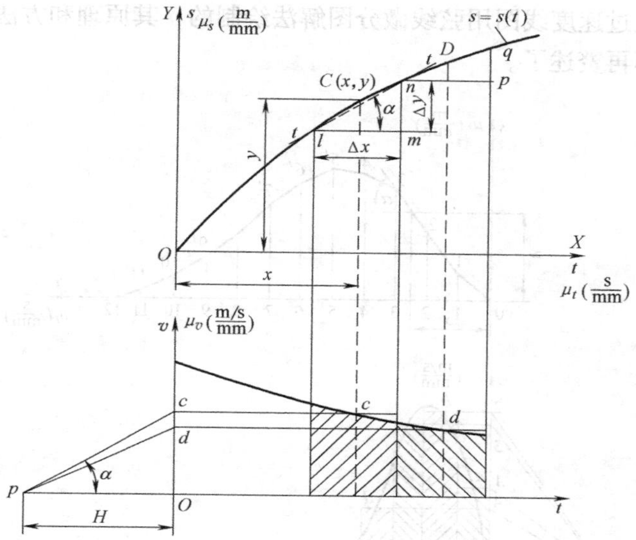

图 3-4 图解微分法绘图示意

为了更简捷地作出速度线图，可将式（3-1）改写成包含弦线与横坐标轴夹角 α 的形式：

$$v=\frac{\mu_s}{\mu_t}\tan\alpha=\frac{\mu_s}{\mu_t H}H\tan\alpha=\mu_v H\tan\alpha \tag{3-3}$$

其中

$$\mu_v=\frac{\mu_s}{(\mu_t H)} \tag{3-4}$$

μ_v 单位为$\frac{m/s}{mm}$

如图 3-4 所示，在速度线图的横坐标轴上。由原点 O 向左取一定长度 H，得 P 点，作射线 $pc \parallel ln$，于是线段$\overline{Oc}=H\tan\alpha$，这样 C 点的速度可直接用线段$\overline{Oc}$表示，但此时所作速度线图的比例尺 μ_v 并非任取，而是由式（3-4）导出。

图 3-5 所示为应用上述图解微分法所作的机构速度线图。由位移线图 $s=s(t)$ 作速度线图 $v=v(t)$ 的步骤如下：

1）将 $s=s(t)$ 曲线的横坐标分成若干等分（图中为 12 等分），过各等分点作纵坐标线与曲线交得 $1',2',3',\cdots,12'$。

2）过点 0、$1'$、$2'$、$3'$、…、作弦线 $01'$、$1'2'$、$2'3'$、…。

3）在速度线图的横坐标轴上，自原点 O 向左作$\overline{Op}=H$，得 p 点。

4）过 p 点引平行于各弦线 $01'$、$1'2'$、$2'3'$、…的射线，它们与纵坐标轴交于 1、2、3、…。

5）将所得1、2、3、…各点分别投射到对应的纵坐标线上，得到一系列长方形（图中用阴影表示）。

6）将坐标原点 O 及长方形顶边中点 a、b、c、…连接成圆滑曲线，即得所求的速度线图 $v=v(t)$。

加速度线图是通过速度线图用弦线微分图解法绘制的，其原理和方法类似于速度线图的绘制，因此这里就不再赘述了。

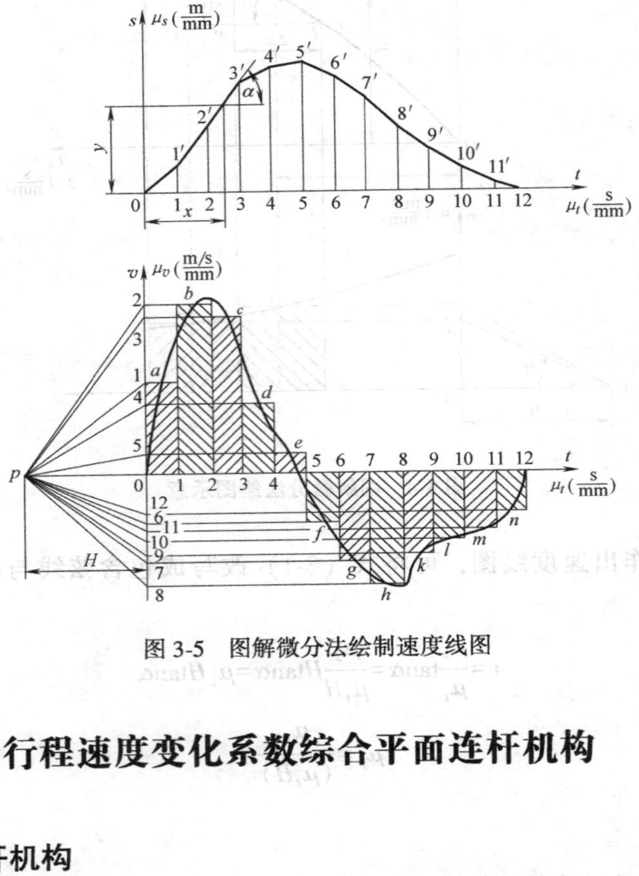

图 3-5　图解微分法绘制速度线图

3.2　按给定的行程速度变化系数综合平面连杆机构

3.2.1　曲柄摇杆机构

当曲柄摇杆机构中的曲柄作为主动件时，从动摇杆输出的往复摆动具有急回特性。若已知摇杆长度 c、摆角 ψ 及行程速度变化系数 K，可通过图解法或解析法设计曲柄摇杆机构，即可求解曲柄、连杆和机架的长度尺寸 a、b、d。

首先根据行程速度变化系数 K 求出极位夹角 $\theta\left(\theta=180°\dfrac{K-1}{K+1}\right)$，然后根据摇杆长度 c 和摆角 ψ 作等腰三角形 C_1DC_2，再以 C_1C_2 为弦作圆心角为 2θ 的圆，其圆心 O 在摇杆摆角 ψ 的角平分线上，该圆即为曲柄回转中心 A 所在的圆 η，如图 3-6 所示。但是由于点 A 是在圆 η 上任选的，因此若仅按给定条件，可有无穷多组解，欲使其具有确定的解，需要添加其他附加条件。下面介绍一种辅助条件为满足许用压力角［α］要求的设计方法，即按行程速度变化系数 K 和许用压力角［α］综合曲柄摇杆机构。

设给定摇杆长度 c、摆角 ψ、行程速度变化系数 K 及许用压力角 $[\alpha]$，试设计曲柄摇杆机构。首先按照上述作图方法画出曲柄回转中心 A 所在的圆 η，然后再分几种情况确定曲柄固定铰链点 A 在圆 η 上的位置，最后求出曲柄、连杆和机架的长度尺寸 a、b、d。

如图 3-6 所示，在 $\triangle AC_1C_2$ 中，$l_{AC_1}=b-a$，$l_{AC_2}=a+b$，$l_{C_1C_2}=2c\sin(\psi/2)$。

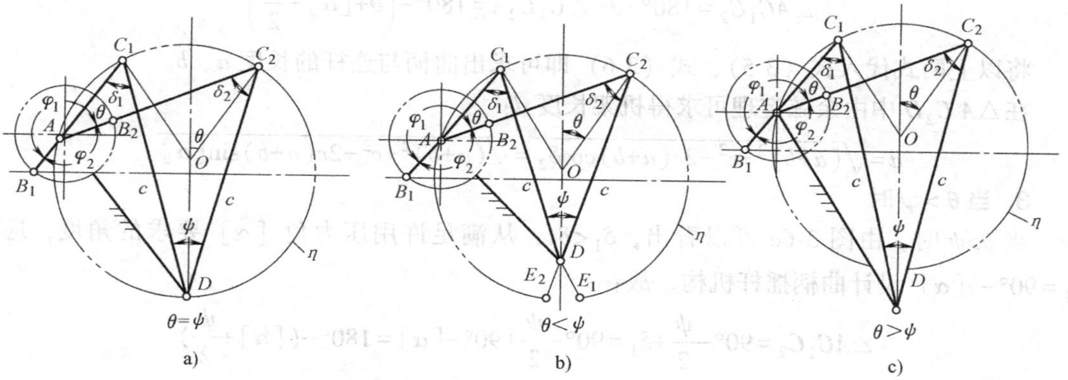

图 3-6　曲柄摇杆机构各参数的几何关系

由正弦定理可得

$$\frac{l_{AC_1}}{\sin\angle C_1C_2A}=\frac{l_{AC_2}}{\sin\angle AC_1C_2}=\frac{l_{C_1C_2}}{\sin\theta}=\frac{2c\sin(\psi/2)}{\sin\theta}$$

又
$$l_{AC_1}=b-a,\ l_{AC_2}=b+a$$

故可联立求出：

$$a=\frac{c\sin(\psi/2)}{\sin\theta}(\sin\angle AC_1C_2-\sin\angle C_1C_2A) \tag{3-5}$$

$$b=\frac{c\sin(\psi/2)}{\sin\theta}(\sin\angle AC_1C_2+\sin\angle C_1C_2A) \tag{3-6}$$

由此可知，只要求出 $\angle AC_1C_2$ 和 $\angle C_1C_2A$，便可得到曲柄和连杆的长度 a、b，而机架长度 d 可以在 $\triangle AC_1D$ 或 $\triangle AC_2D$ 中通过余弦定理求得。下面分三种情况讨论：

1. 当 $\theta=\psi$ 时

当 $\theta=\psi$ 时，由图 3-6a 可知，连杆与曲柄在两极限位置时的夹角 δ_1 和 δ_2 均为 AD 所对圆周角，因此 $\delta_1=\delta_2=90°-[\alpha]$，故：

$$\angle AC_1C_2=90°-\frac{\psi}{2}+\delta_1=90°-\frac{\psi}{2}+90°-[\alpha]=180°-\left([\alpha]+\frac{\psi}{2}\right)$$

$$\angle C_1C_2A=90°-\frac{\psi}{2}-\delta_2=90°-\frac{\psi}{2}-(90°-[\alpha])=[\alpha]-\frac{\psi}{2}$$

将以上两式代入式（3-5）、式（3-6）即可求出曲柄与连杆的长度 a、b。

在 $\triangle AC_1D$ 中由余弦定理可求得机架长度 d：

$$d=\sqrt{(b-a)^2+c^2-2c(b-a)\cos\delta_1}=\sqrt{(b-a)^2+c^2-2c(b-a)\sin[\alpha]} \tag{3-7}$$

2. 当 $\theta<\psi$ 时

当 $\theta<\psi$ 时，如图 3-6b 所示，延长 C_1D 和 C_2D 与圆 η 分别交于 E_1 和 E_2，因 δ_2 所对应的圆

弧小于 δ_1 所对应的圆弧，所以 $\delta_2<\delta_1$。从满足许用压力角［α］要求的角度，应按 $\delta_2=90°-$［α］设计曲柄摇杆机构。故：

$$\angle C_1C_2A=90°-\frac{\psi}{2}-\delta_2=90°-\frac{\psi}{2}-(90°-[\alpha])=[\alpha]-\frac{\psi}{2}$$

$$\angle AC_1C_2=180°-\theta-\angle C_1C_2A=180°-\left(\theta+[\alpha]-\frac{\psi}{2}\right)$$

将以上两式代入式（3-5）、式（3-6）即可求出曲柄与连杆的长度 a、b。

在$\triangle AC_2D$中由余弦定理可求得机架长度 d：

$$d=\sqrt{(a+b)^2+c^2-2c(a+b)\cos\delta_2}=\sqrt{(a+b)^2+c^2-2c(a+b)\sin[\alpha]}$$

3. 当 $\theta>\psi$ 时

当 $\theta>\psi$ 时，由图 3-6c 可以看出，$\delta_1<\delta_2$，从满足许用压力角［α］要求的角度，应按 $\delta_1=90°-$［α］设计曲柄摇杆机构。故：

$$\angle AC_1C_2=90°-\frac{\psi}{2}+\delta_1=90°-\frac{\psi}{2}+90°-[\alpha]=180°-\left([\alpha]+\frac{\psi}{2}\right)$$

$$\angle C_1C_2A=180°-\theta-\angle AC_1C_2=[\alpha]+\frac{\psi}{2}-\theta$$

将以上两式代入式（3-5）、式（3-6）即可求出曲柄与连杆的长度 a、b。

在$\triangle AC_1D$中由余弦定理可求得机架长度 d，其计算公式同式（3-7）。

用上述方法设计曲柄摇杆机构时，在其工作行程角φ_1范围内的压力角总是小于许用压力角［α］。因为当曲柄与机架重叠共线时，$\delta=90°-[\alpha]=\delta_{min}$，所以在空行程$\varphi_2$角范围内，其压力角将会略大于［$\alpha$］，但因空行程时机构受力较小，故即使压力角稍大于［α］，对机构的影响也不会太大。

3.2.2 偏置曲柄滑块机构

偏置曲柄滑块机构中，当曲柄作为主动件时，从动滑块输出的往复移动具有急回特性。给定行程速度变化系数 K、滑块的行程 H，如果再增加一个辅助条件，例如偏置距离 e、曲柄与连杆的长度比 $\lambda=a/b$ 或者许用压力角［α］，则可设计出满足要求的曲柄滑块机构。下面分别介绍通过以上三种辅助条件设计曲柄滑块机构的方法。

1. 辅助条件为偏置距离

给定行程速度变化系数 K、滑块的行程 H 以及偏置距离 e，试设计偏置曲柄滑块机构，即确定曲柄与连杆的长度 a、b。

类似于摇杆的两极限位置，根据滑块的行程 H 确定滑块的两极限位置C_1和C_2，如图 3-7 所示，其设计方法等同于曲柄摇杆机构，即以C_1C_2为弦作圆周角为 θ 的圆，该圆即为曲柄回转中心 A 所在的圆 η，然后利用辅助条件作距离C_1C_2为偏置距离 e 的平行线与圆 η 相交，其交点即为曲柄转动中心 A，再根据机构在极限位置时曲柄与连杆共线的特点，即可求出曲柄与连杆的长度。

2. 辅助条件为曲柄与连杆的长度比

设给定行程速度变化系数 K、滑块的行程 H，以及曲柄与连杆的长度比 $\lambda=a/b$，试设计偏置曲柄滑块机构，即确定曲柄与连杆的长度 a、b 及偏置距离 e 的尺寸。

如图 3-8 所示，在$\triangle AC_1C_2$中利用余弦定理可得

$$H^2=(b+a)^2+(b-a)^2-2(b+a)(b-a)\cos\theta \tag{3-8}$$

式中，极位夹角$\theta=180°\dfrac{K-1}{K+1}$。

将$\lambda=a/b$代入式（3-8）中，可求得曲柄长度a及连杆长度b的尺寸。

在$\triangle AC_1C_2$中利用正弦定理得

$$\frac{b-a}{\sin\beta}=\frac{H}{\sin\theta}$$

由此可求得$\sin\beta$的值。再利用图 3-8 中所示的几何关系可求得偏距e的大小，即

$$e=(a+b)\sin\beta$$

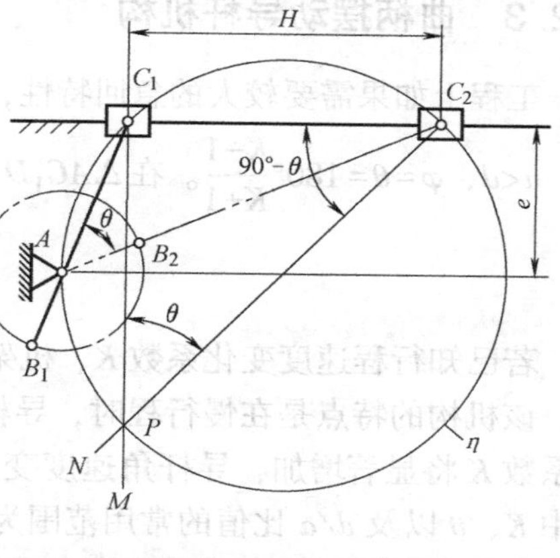

图 3-7　按行程速度变化系数K设计偏置曲柄滑块机构

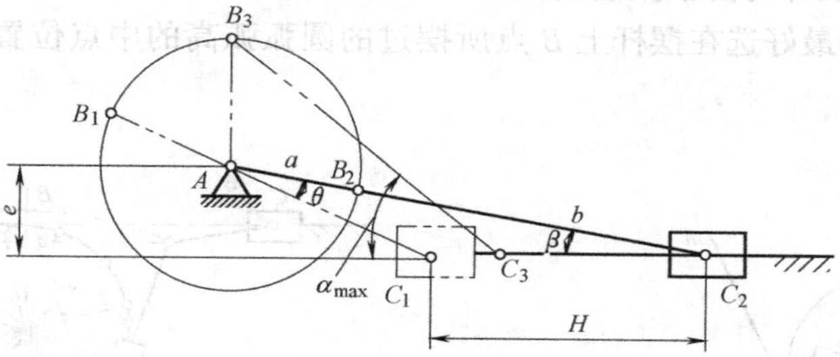

图 3-8　偏置曲柄滑块机构各参数几何关系

3. 辅助条件为许用压力角［α］

设给定行程速度变化系数K、滑块的行程H及许用压力角［α］，试设计偏置曲柄滑块机构，即确定曲柄与连杆的长度a、b及偏置距离e的尺寸。

因为最大压力角发生在曲柄与导路垂直且与导路不相交的位置，如图 3-8 所示的AB_3位置，令$\alpha_{max}=[\alpha]$，故由图中几何关系可知

$$\sin[\alpha]=\frac{a+e}{b} \tag{3-9}$$

在$\triangle AC_1C_2$中利用正弦定理可得

$$\frac{b-a}{\sin\beta}=\frac{H}{\sin\theta}$$

由于$\sin\beta=e/(a+b)$，故有

$$He=\sin\theta(b^2-a^2) \tag{3-10}$$

在$\triangle AC_1C_2$中利用余弦定理可得

$$H^2=(a+b)^2+(b-a)^2-2(b^2-a^2)\cos\theta \tag{3-11}$$

联立求解式（3-9）、式（3-10）以及式（3-11），即可求得a、b和e。

3.2.3 曲柄摆动导杆机构

工程上如果需要较大的急回特性，可应用曲柄摆动导杆机构，如图 3-9 所示。在该机构中，$a<d$，$\varphi=\theta=180°\dfrac{K-1}{K+1}$。在$\triangle AC_1D$中有

$$\sin\frac{\theta}{2}=\frac{a}{d} \tag{3-12}$$

若已知行程速度变化系数 K、机架的长度 d，即可通过式（3-12）求出曲柄长度 a。

该机构的特点是在慢行程时，导杆几乎是匀角速度的；但当 d/a 接近 1 时，行程速度变化系数 K 将显著增加，导杆角速度变化非常剧烈，对传动不利。因此，在曲柄摆动导杆机构中 K、θ 以及 d/a 比值的常用范围为 $K\leqslant 2$，$\theta\leqslant 60°$，$d/a\geqslant 2$。另外，当曲柄为主动件时，机构的传动角始终为90°，所以曲柄摆动导杆机构还具有良好的传力性能。

以上介绍的几种具有急回特性的四杆机构，虽然可满足急回要求，但其工作行程的等速性能往往不是很好，因此常采用多杆机构加以改善，例如牛头刨床的导杆机构（如图 3-10 所示）。但应注意在设计时需根据使刨头的压力角尽可能小的要求，定出合理的导杆结构尺寸，所以刨头的导路最好选在摆杆上 B 点所摆过的圆弧弧高的中点位置，即如图 3-10 所示的 $h/2$ 处。

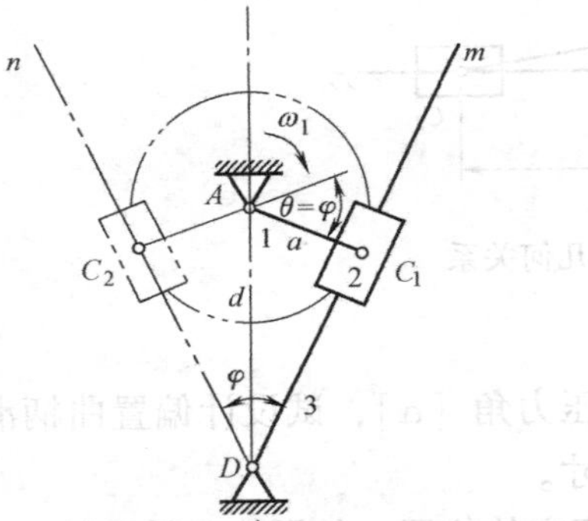

图 3-9　按行程速度变化系数 K 设计曲柄摆动导杆机构

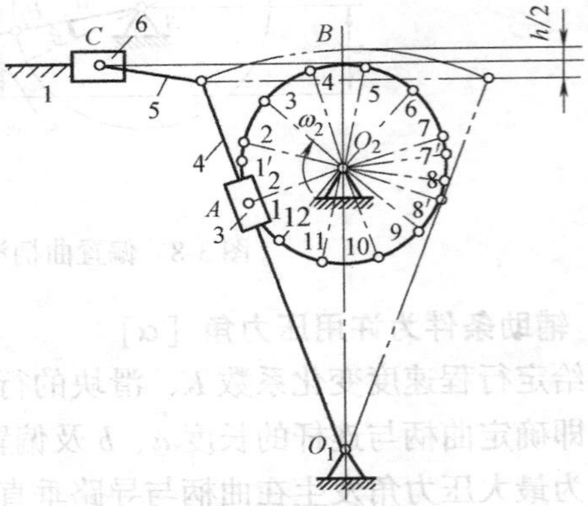

图 3-10　牛头刨床的导杆机构

3.3　不考虑摩擦时平面连杆机构的动态静力分析

所谓动态静力分析就是将惯性力视为一般外力加于相应构件上的力，然后再按静力分析的方法对机构进行受力分析，其目的是求解各运动副的反力及机构的平衡力（或平衡力矩）。由于运动副的反力对机构而言是内力，故必须将机构拆成若干构件组或构件再对其逐个进行分析。动态静力分析的具体步骤如下：

1）将求出的惯性力作为已知外力加到相应的构件上。

2）按静定条件将机构分解成若干基本组或构件和Ⅰ级机构。

3）求解各运动副的反力及机构的平衡力（或平衡力矩）。

3.3.1　用图解法做机构的动态静力分析

用图解法进行机构的动态静力分析时，需先对机构做运动分析，以确定在所要求位置时各构件的角加速度和质心加速度；再计算各构件的惯性力，并将其视为加于产生惯性力构件上的外力；然后根据各基本杆组列出一系列力平衡矢量方程；最后选取力比例尺μ_F作图求解。力分析的一般顺序是由外力全部已知的构件组开始，逐步推算到未知平衡力作用的构件。下面举例说明。

例 3-1　图 3-11a 所示为一曲柄滑块机构。设已知各构件的尺寸，曲柄 1 绕其转动中心 A 的转动惯量 J_A（质心 S_1与 A 点重合），连杆 2 的重为 G_2（质心 S_2在 BC 的 1/2 处），转动惯量 J_{S2}，滑块 3 的重为 G_3（质心 S_3在 C 点处）。原动件 1 以角速度 ω_1和角加速度 α_1 顺时针方向回转，作用于滑块 3 上 C 点的生产阻力为 F_r，各运动副的摩擦忽略不计。求机构在图示位置时各运动副中的反力以及需加在构件 1 上的平衡力矩 M_b。

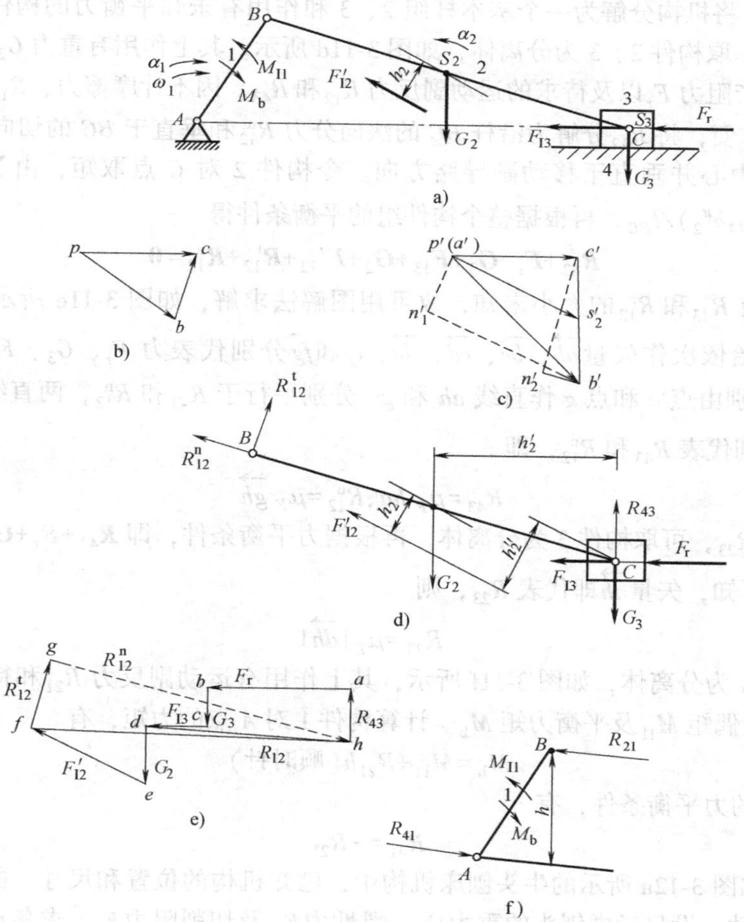

图 3-11　曲柄滑块机构受力分析

解： 1）对机构进行运动分析。

选定长度比例尺μ_l、速度比例尺μ_v和加速度比例尺μ_a。作出机构简图、速度和加速度矢量多边形，分别如图 3-11a、b、c 所示。

2）确定各构件的惯性力和惯性力偶矩。

作用在构件 1 上的惯性力偶矩为 $M_{I1}=J_A\alpha_1$（逆时针）。

作用在构件 2 上的惯性力及惯性力偶矩分别为

$$F_{I2}=m_2a_{S_2}=\frac{G_2}{g}\mu_a\,\overline{p's'_2}（方向与\ a_{S_2}\ 的方向相反）$$

$$M_{I2}=J_{S_2}\alpha_2=J_{S_2}a^{t}_{CB}/l_{BC}=J_{S_2}\mu_a\,\overline{n'c'}/l_{BC}（顺时针）$$

总惯性力 F'_{I2}（$=F_{I2}$）偏离质心 S_2 的距离为 $h_2=M_{I2}/F_{I2}$，其对 S_2 的力矩的方向与 α_2 的方向（逆时针）相反。

作用在滑块 3 上的惯性力为 $F_{I_3}=m_3a_{S_3}=\frac{G_3}{g}\mu_a\,\overline{p'c'}$（方向与 a_{S3} 的方向相反）。

3）作动态静力分析

按静定条件将机构分解为一个基本杆组 2、3 和作用有未知平衡力的构件 1，先从构件 2、3 开始分析。取构件 2、3 为分离体，如图 3-11d 所示。其上作用有重力 G_2 和 G_3、惯性力 F'_{I2} 和 F_{I3}、生产阻力 F_r 以及待求的运动副反力 R_{12} 和 R_{43}。因不计摩擦力，R_{12} 过转动副 B 的中心，为解题方便，将 R_{12} 分解为沿杆 BC 的法向分力 R^{n}_{12} 和垂直于 BC 的切向分力 R^{t}_{12}，R_{43} 过转动副 C 的中心并垂直于移动副导路方向。令构件 2 对 C 点取矩，由 $\sum M_C=0$ 可得，$R^{t}_{12}=(G_2h'_2-F'_{I2}h''_2)/l_{BC}$，再根据整个构件组的平衡条件得

$$\boldsymbol{R}_{43}+\boldsymbol{F}_r+\boldsymbol{G}_3+\boldsymbol{F}_{I3}+\boldsymbol{G}_2+\boldsymbol{F}'_{I2}+\boldsymbol{R}^{t}_{12}+\boldsymbol{R}^{n}_{12}=\boldsymbol{0}$$

上式中只有 R_{43} 和 R^{n}_{12} 的大小未知，故可用图解法求解，如图 3-11e 所示。选定比例尺 μ_F。从 a 点开始依次作矢量 $\overrightarrow{ab}$、$\overrightarrow{bc}$、$\overrightarrow{cd}$、$\overrightarrow{de}$、$\overrightarrow{ef}$ 和 $\overrightarrow{fg}$ 分别代表力 F_r、G_3、F_{I3}、G_2、F'_{I2} 和 R^{t}_{12}，然后再分别由点 a 和点 g 作直线 ah 和 gh 分别平行于 R_{43} 和 R^{n}_{12}，两直线交于点 h，则矢量 $\overrightarrow{ha}$ 和 $\overrightarrow{gh}$ 分别代表 R_{43} 和 R^{n}_{12}，即

$$R_{43}=\mu_F\,ha,R^{n}_{12}=\mu_F\,\overrightarrow{gh}$$

为了求得 R_{23}，可取构件 3 为分离体，再根据力平衡条件，即 $\boldsymbol{R}_{43}+\boldsymbol{F}_r+\boldsymbol{G}_3+\boldsymbol{F}_{I3}+\boldsymbol{R}_{23}=\boldsymbol{0}$，并由图 3-11e 可知，矢量 $\overrightarrow{dh}$ 即代表 R_{23}，则

$$R_{23}=\mu_F|\overrightarrow{dh}|$$

再取构件 1 为分离体，如图 3-11f 所示，其上作用有运动副反力 R_{21} 和待求的运动副反力 R_{41}，惯性力偶矩 M_{I1} 及平衡力矩 M_b。计算构件 1 对 A 点的力矩，有

$$M_b=M_{I1}+R_{21}h（顺时针）$$

由构件 1 的力平衡条件，有

$$R_{41}=-R_{21}$$

例 3-2 如图 3-12a 所示的牛头刨床机构中，已知机构的位置和尺寸，曲柄 1 以等角速度 ω_1 顺时针转动。设只考虑刨头的重力 G_5、惯性力 F_{I5} 及切削阻力 F_r。求各运动副中的反力和应加于曲柄 1 上的平衡力偶矩。

解： 1）作该机构的运动简图。

以选定的长度比例尺 μ_l 作机构运动简图。将给定的已知外力加在相应的构件上，

图 3-12a所示。

2）确定各运动副反力及平衡力偶矩

图 3-12a 所示机构含有两个Ⅱ级杆组 4、5 和 2、3，故应从已知生产阻力F_r作用的构件 5 开始逐组求解。

① 求杆组 4、5 各运动副中的反力。该杆组受力情况如图 3-12b 所示。由于构件 4 为二力杆，故其反力R_{34}的方向必沿轴线 DE；又因反力R_{65}的方向垂直于导路，所以由$\sum F=0$。

$$\boldsymbol{F}_r+\boldsymbol{G}_5+\boldsymbol{F}_{I5}+\boldsymbol{R}_{65}+\boldsymbol{R}_{34}=0$$

式中，仅 $\boldsymbol{R}_{65}$和 $\boldsymbol{R}_{34}$的大小未知，故可用图解法求出，如图 3-12c 所示，矢量$\overrightarrow{ea}$和$\overrightarrow{de}$分别代表力 $\boldsymbol{R}_{34}$和 $\boldsymbol{R}_{65}$的大小。

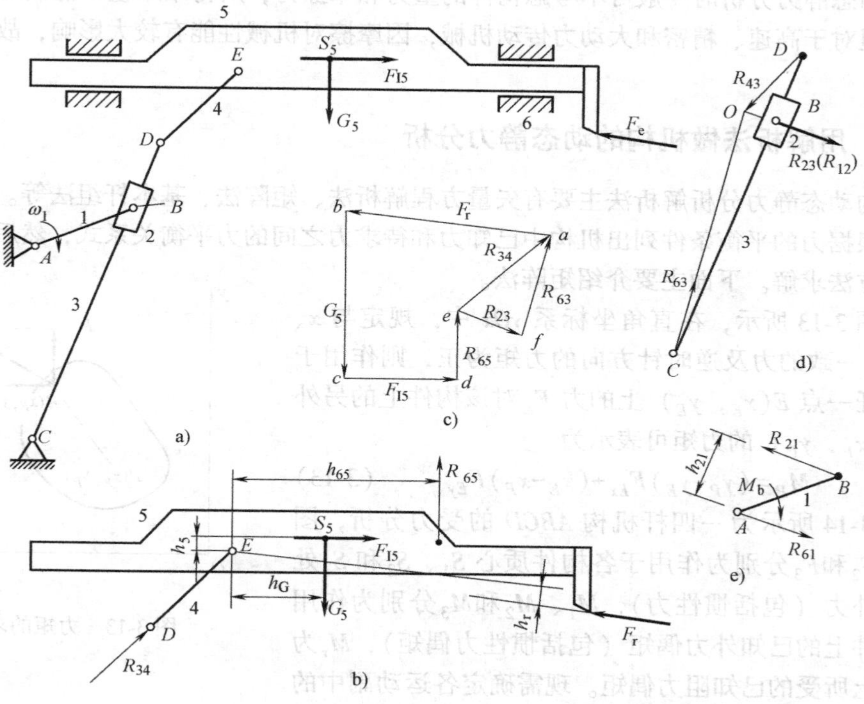

图 3-12　牛头刨床机构受力分析

又以构件 5 为示力体，由$\sum M_E=0$，得

$$F_r h_r+G_5 h_G+F_{I5} h_5-R_{65} h_{65}=0$$

故

$$h_{65}=\frac{F_r h_r+G_5 h_G+F_{I5} h_5}{R_{65}}$$

又以构件 4 为示力体，由$\sum F=0$，得

$$R_{54}=R_{34}$$

② 求杆组 3、4 各运动副中的反力。该杆组受力情况如图 3-12d 所示，当 R_{34}求出后，则 $R_{43}=-R_{34}$为已知。因构件 2 为二力杆，故 $R_{12}=-R_{32}$，作用线互相重合，即它们均通过点 B 且垂直于 CD。又因 $R_{23}=-R_{32}$，故 R_{23}也通过点 B 且垂直于 CD，其作用线交于点 O。于是以构件 3 为示力体，因其属三力构件，故 R_{43}、R_{23}和 R_{63}必交于一点 O，由此可得 R_{63}的作用

线方向，如图 3-12d 所示。

由$\sum \boldsymbol{F}=0$，得

$$\boldsymbol{R}_{43}+\boldsymbol{R}_{23}+\boldsymbol{R}_{63}=\boldsymbol{0}$$

上式中，R_{23}和R_{63}的大小未知，故可用图解法求出，如图 3-12c 所示，矢量$\overrightarrow{ef}$和$\overrightarrow{fa}$分别代表R_{23}和R_{63}。

③ 求作用于构件 1 上的平衡力偶矩和运动副中的反力　构件 1 的受力情况如图 3-12e 所示，因$R_{21}=-R_{12}=-R_{23}$，故为已知。当以构件 1 为示力体时，由$\sum F=0$和$\sum M=0$得$R_{61}=-R_{21}$，$M_b=-R_{21}h_{21}$。

M_b的方向与ω_1相同。h_{21}为力臂的实际长度（m）。

作动态静力分析时一般可不考虑构件的重力和摩擦力，所得结果基本能满足工程问题的需要。但对于高速、精密和大动力传动机械，因摩擦对机械性能有较大影响，故这时必考虑摩擦力。

3.3.2　用解析法做机构的动态静力分析

机构动态静力分析解析法主要有矢量方程解析法、矩阵法、基本杆组法等。不论哪种方法都是根据力的平衡条件列出机构中已知力和待求力之间的力平衡关系式，然后再应用相应的数学方法求解。下面主要介绍矩阵法。

如图 3-13 所示，在直角坐标系yOx中，规定与x、y轴指向一致的力及逆时针方向的力矩为正，则作用于构件上任一点$E(x_E,\ y_E)$上的力F_E对该构件上的另外一点$P(x_P,\ y_P)$的力矩可表示为

$$M_P=(y_P-y_E)F_{Ex}+(x_E-x_P)F_{Ey} \tag{3-13}$$

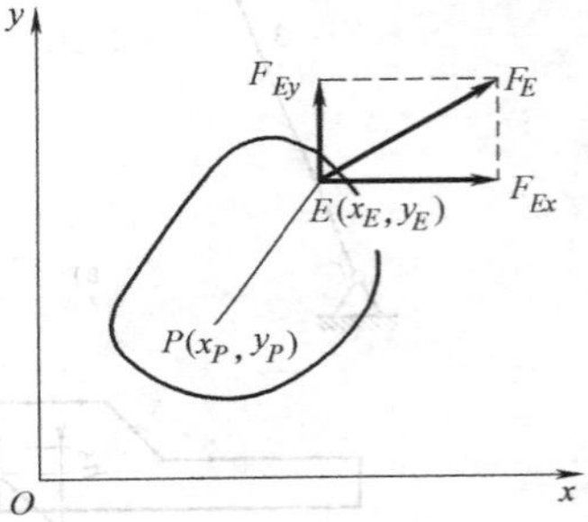

图 3-13　力矩的求取

图 3-14 所示为一四杆机构$ABCD$的受力分析，图中F_1、F_2和F_3分别为作用于各构件质心S_1、S_2和S_3处的已知外力（包括惯性力），M_1、M_2和M_3分别为作用于各构件上的已知外力偶矩（包括惯性力偶矩），M_r为从动件上所受的已知阻力偶矩。现需确定各运动副中的反力及需加在原动件上的平衡力偶矩M_b。

首先建立一平面直角坐标系，将各力分解为沿x、y坐标轴的分力F_{ix}、F_{iy}（$i=1$，2，3），并将各力的力矩都表示为式（3-13）的形式，再分别就各构件列出它们的力平衡方程式。为便于列出矩阵方程和求解，规定将各运动副中的反力统一表示为R_{ij}的形式，即构件i作用于构件j上的反力，且规定$i<j$，而j作用于构件i上的反力R_{ji}则用$-R_{ij}$表示。构件i作用于构件j上的反力在坐标轴x和y方向上的分力分别表示为R_{ijx}、R_{ijy}，且$R_{ijx}=-R_{jix}$，$R_{ijy}=-R_{jiy}$。

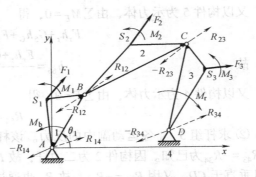

图 3-14　四杆机构的受力分析

对于构件 1，由静力平衡方程$\sum M_A=0$、$\sum F_x=0$、$\sum F_y=0$，可得

$$-(y_A-y_B)R_{12x}-(x_B-x_A)R_{12y}+M_b=-(y_A-y_{S1})F_{1x}-(x_{S1}-x_A)F_{1y}-M_1 \tag{3-14}$$

$$-R_{14x}-R_{12x}=-F_{1x} \tag{3-15}$$

$$-R_{14y}-R_{12y}=-F_{1y} \tag{3-16}$$

对于构件 2，由静力平衡方程$\sum M_B=0$、$\sum F_x=0$、$\sum F_y=0$，可得

$$-(y_B-y_C)R_{23x}-(x_C-x_B)R_{23y}=-(y_B-y_{S2})F_{2x}-(x_{S2}-x_B)F_{2y}-M_2 \tag{3-17}$$

$$R_{12x}-R_{23x}=-F_{2x} \tag{3-18}$$

$$R_{12y}-R_{23y}=-F_{2y} \tag{3-19}$$

对于构件 3，由静力平衡方程$\sum M_C=0$、$\sum F_x=0$、$\sum F_y=0$，可得

$$-(y_C-y_D)R_{34x}-(x_D-x_C)R_{34y}=-(y_C-y_{S3})F_{3x}-(x_{S3}-x_C)F_{3y}+M_r-M_3 \tag{3-20}$$

$$R_{23x}-R_{34x}=-F_{3x} \tag{3-21}$$

$$R_{23y}-R_{34y}=-F_{3y} \tag{3-22}$$

以上共列出九个方程式，可将式（3-14）~式（3-22）按顺序整理成矩阵形式

$$\begin{pmatrix}
1 & 0 & 0 & y_B-y_A & x_A-x_B & 0 & 0 & 0 & 0\\
0 & -1 & 0 & -1 & 0 & 0 & 0 & 0 & 0\\
0 & 0 & -1 & 0 & -1 & 0 & 0 & 0 & 0\\
0 & 0 & 0 & 0 & 0 & y_C-y_B & x_B-x_C & 0 & 0\\
0 & 0 & 0 & 1 & 0 & -1 & 0 & 0 & 0\\
0 & 0 & 0 & 0 & 1 & 0 & -1 & 0 & 0\\
0 & 0 & 0 & 0 & 0 & 0 & 0 & y_D-y_C & x_C-x_D\\
0 & 0 & 0 & 0 & 0 & 1 & 0 & -1 & 0\\
0 & 0 & 0 & 0 & 0 & 0 & 1 & 0 & -1
\end{pmatrix}
\begin{pmatrix} M_b\\ R_{14x}\\ R_{14y}\\ R_{12x}\\ R_{12y}\\ R_{23x}\\ R_{23y}\\ R_{34x}\\ R_{34y} \end{pmatrix}$$

$$=\begin{pmatrix}
-1 & y_{S1}-y_A & x_A-x_{S1} & 0 & 0 & 0 & 0 & 0 & 0\\
0 & -1 & 0 & 0 & 0 & 0 & 0 & 0 & 0\\
0 & 0 & -1 & 0 & 0 & 0 & 0 & 0 & 0\\
0 & 0 & 0 & -1 & y_{S2}-y_B & x_B-x_{S2} & 0 & 0 & 0\\
0 & 0 & 0 & 0 & -1 & 0 & 0 & 0 & 0\\
0 & 0 & 0 & 0 & 0 & -1 & 0 & 0 & 0\\
0 & 0 & 0 & 0 & 0 & 0 & -1 & y_{S3}-y_C & x_C-x_{S3}\\
0 & 0 & 0 & 0 & 0 & 0 & 0 & -1 & 0\\
0 & 0 & 0 & 0 & 0 & 0 & 0 & 0 & -1
\end{pmatrix}
\begin{pmatrix} M_1\\ F_{1x}\\ F_{1y}\\ M_2\\ F_{2x}\\ F_{2y}\\ M_3-M_r\\ F_{3x}\\ F_{3y} \end{pmatrix} \tag{3-23}$$

式（3-23）即为图 3-14 所示四杆机构的动态静力分析的矩阵方程。应用以上矩阵方程可同时求出所有运动副中的约束反力和平衡力矩。式（3-23）可简化为

$$\boldsymbol{AR}=\boldsymbol{BF} \tag{3-24}$$

式中，$\boldsymbol{A}$、$\boldsymbol{B}$ 分别为未知力和已知力及力矩的系数矩阵；$\boldsymbol{R}$、$\boldsymbol{F}$ 分别为未知和已知力及力矩的阵列。对于各种具体结构都可利用上述矩阵，同时求出各运动副中的约束反力和所需的平衡力。矩阵方程的求解，现已有标准程序可以利用。

第4章

凸轮机构的分析与设计

平面低副机构一般只能近似地实现给定的运动规律，而且设计比较复杂。当从动件的位移、速度和加速度必须严格按照预定规律变化，尤其当原动件连续运动而从动件做间歇运动时，以采用凸轮机构最为简便。凸轮机构是一种常用的高副机构，具有结构简单、形式灵活多变和设计方便等特点，并且可以和其他机构组合使用，因此其在各种自动化、半自动化机械装置以及生产线中具有广泛的应用。

凸轮机构设计的基本内容是：根据实际工作需要确定凸轮机构的类型、从动件运动规律的合理设计、基圆半径及偏心距等机构尺寸的确定、凸轮轮廓曲线的设计、滚子半径及凸轮轮廓曲率半径等的验算。其中，凸轮轮廓曲线的正确设计是最主要的任务，需要根据从动件运动规律进行反转设计。基圆半径则根据机构在实际工作中要求的许用压力角进行设计，可根据类速度-位移图或诺模图进行确定。本章将主要讨论从动件运动规律分析、基圆半径等结构参数的确定、凸轮轮廓曲线设计等内容，并结合图解法和解析法对凸轮机构进行分析设计。

4.1　凸轮机构类型及从动件运动规律确定

4.1.1　凸轮机构选型

在绝大多数情况下，凸轮机构中主动件是凸轮，凸轮是具有曲线轮廓或凹槽的构件，它运动时，通过高副接触可以使从动件获得连续或不连续的任意预期往复运动。凸轮机构的类型较多，首先需要根据实际需要对凸轮机构的类型进行分析及确定。

1）按凸轮的形状不同，主要有盘形凸轮、移动凸轮和圆柱凸轮。盘形凸轮和移动凸轮与从动件之间的相对运动为平面运动，称为平面凸轮机构；而圆柱凸轮与从动件之间的相对运动为空间运动，称为空间凸轮机构。

2）根据从动件的形式，有尖顶、滚子和平底从动件。尖顶从动件能与任意复杂的凸轮轮廓保持接触，因而从动件能准确地实现任意给定的运动规律，但它易于磨损，因此只适用于受力不大、速度较低以及要求传动灵敏的场合，如仪表记录仪等。而滚子从动件则克服了这种缺点，其与凸轮轮廓之间为滚动摩擦，摩擦阻力小，可承受较大的载荷，应用最为普遍。对于平底从动件，当不考虑摩擦时，凸轮对从动件的作用力始终与从动件平底垂直，受力平稳，并且接触面之间容易形成楔形油膜，有利于润滑，磨损较小，传动效率高，因而常用于高速凸轮机构中。但平底从动件不能用于内凹形轮廓曲线的凸轮。

3）按从动件相对于机架的运动形式来分，凸轮机构又分为直动从动件凸轮机构和摆动从动件凸轮机构。直动从动件相对于机架做直线往复移动，而根据从动件的运动轴线与凸轮中心是否共线，有对心直动从动件和偏置直动从动件之分。摆动从动件凸轮机构中的从动件是绕机架上某一固定轴心做往复摆动。

4）根据凸轮与从动件保持接触的方式不同，主要有力封闭型凸轮机构和形封闭型凸轮机构。前者是利用重力、弹簧力或其他外力使从动件与凸轮轮廓始终保持接触，而后者则是利用高副元素本身的特殊几何结构使从动件与凸轮轮廓始终保持接触。

4.1.2　常用的从动件运动规律

凸轮机构中凸轮的轮廓形状取决于从动件的运动规律，因此从动件的运动规律对凸轮轮廓曲线的设计至关重要。图 4-1a 所示为一偏置直动尖顶从动件盘形凸轮机构。以凸轮的回转中心 O 为圆心，以凸轮轮廓曲线最小向径 r_0 为半径所作的圆称为凸轮的基圆，r_0 为基圆半径。从动件导路至凸轮回转中心点 O 之间的偏置距离用 e 表示，以 O 为圆心，e 为半径所作的圆为偏距圆。

凸轮的轮廓由 AB、BC、CD 及 DA 四段曲线组成。图 4-1a 所示位置为从动件开始上升的位置，称为起始位置。这时尖顶与凸轮轮廓曲线上 A 点接触，A 点为基圆与曲线 AB 的连接点，也是凸轮轮廓线上距离回转中心 O 最近的点。当凸轮以等角速度 ω 逆时针转动时，从动件在凸轮轮廓线 AB 段的推动下，将以一定运动规律由最低位置 A 被推到最高位置 B'，从动件运动的这一过程称为推程，相应的凸轮转角 $\Phi=\angle B'OB=\angle AOB_1$ 称为推程运动角。当从动件与凸轮轮廓线的 BC 段接触时，由于 BC 段为以凸轮回转中心 O 为圆心的圆弧，所以从动件将处于最高位置而静止不动，这一过程称为远休止，与之相应的凸轮转角 $\Phi_S=\angle BOC=\angle B_1OC_1$ 称为远休止角。当从动件与凸轮轮廓线的 CD 段接触时，它又由最高位置回到最低位置，这一过程称为回程，相应的凸轮转角 $\Phi'=\angle C_1OD$ 称为回程运动角。最后，当从动件与凸轮轮廓线的 DA 段接触时，由于 DA 段为以凸轮回转中心 O 为圆心的圆弧，所以从动件将在最低位置静止不动，这一过程称为近休止，相应的凸轮转角 Φ'_S 称为近休止角。当凸轮连续回转时，从动件将重复进行上述升—停—降—停的运动循环。从动件在推程或回程中移动的距离 h，称为行程。

所谓从动件的运动规律，是指从动件的位移 s、速度 v 和加速度 a 随时间 t 变化的规律。由于凸轮一般做等速转动，其转角 φ 与时间 t 成正比，即 $\varphi=\omega t$，因此，为了方便起见，从动件的运动规律常用从动件的位移 s、速度 v 和加速度 a 随凸轮转角 φ 的变化规律来表示。图 4-1b 所示就是图 4-1a 所示凸轮机构从动件的位移变化规律曲线，称为位移线图，通过微分可以作出从动件速度线图和加速度线图，它们一起称为从动件运动线图。

常用的几种从动件运动规律见表 4-1。在工程实际中，除了这几种从动件常用运动规律之外，根据工作需要，还可以选择其他形式的运动规律，或将几种运动规律组合起来使用，以改善从动件的运动和动力特性。比如可以采用将摆线运动规律（也可选其他合适的运动规律）与等速运动规律组合起来，形成一种改进型等速运动规律，它既能满足生产实际中的等速运动要求，又克服了等速运动规律在推程始末两点存在的刚性冲击，从而改进了等速

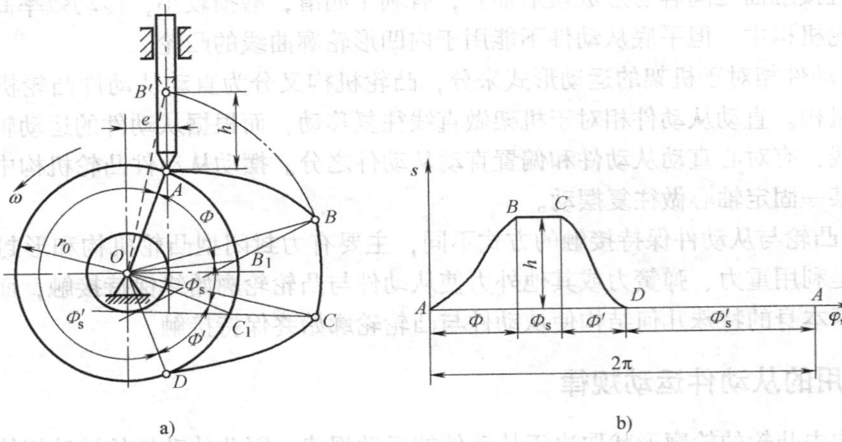

a)　　　　　　　　　　b)

图 4-1　偏置直动尖顶从动件盘形凸轮机构

运动的动力特性。表 4-2 列出了上述几种从动件常用运动规律的 v_{max}、a_{max} 及其冲击特性，供选择从动件运动规律时参考。

另外，表 4-1 和表 4-2 都是做往复直线运动型凸轮机构的从动件运动规律，即位移 s、速度 v 和加速度 a 运动规律。对于做往复摆动运动的凸轮机构，其从动件运动规律则需相应地替代为摆杆的角位移 ψ、角速度 ω 和角加速度 α。

表 4-1　常用的几种从动件运动规律及其运动方程和推程运动线图

运动规律	运动方程 推程	 回程	推程运动线图	运动特性
一次多项式	$s=\frac{h}{\Phi}\varphi$ $v=\frac{ds}{dt}=\frac{h}{\Phi}\omega=v_0$ $a=\frac{dv}{dt}=0$ $(0\leqslant\varphi\leqslant\Phi)$	$s=h-\frac{h}{\Phi'}(\varphi-\Phi-\Phi_s)$ $v=-\frac{h}{\Phi'}\omega=-v_0$ $a=0$ $(\Phi+\Phi_s\leqslant\varphi\leqslant\Phi+\Phi_s+\Phi')$	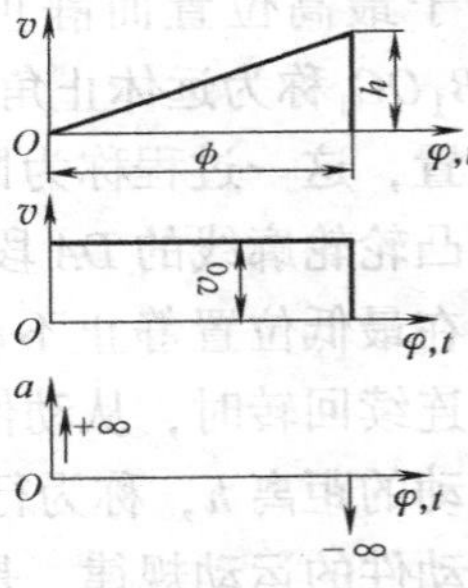	刚性冲击
二次多项式	等加速段 $s=\frac{2h}{\Phi^2}\varphi^2$ $v=\frac{ds}{dt}=\frac{4h\omega}{\Phi^2}\varphi$ $a=\frac{dv}{dt}=\frac{4h\omega^2}{\Phi^2}=a_0$ $\left(0\leqslant\varphi\leqslant\frac{\Phi}{2}\right)$	等减速段 $s=h-\frac{2h}{\Phi'^2}(\varphi-\Phi-\Phi_s)^2$ $v=-\frac{4h\omega}{\Phi'^2}(\varphi-\Phi-\Phi_s)$ $a=-\frac{4h\omega^2}{\Phi'^2}$ $(\Phi+\Phi_s\leqslant\varphi\leqslant\Phi+\Phi_s+\Phi'/2)$	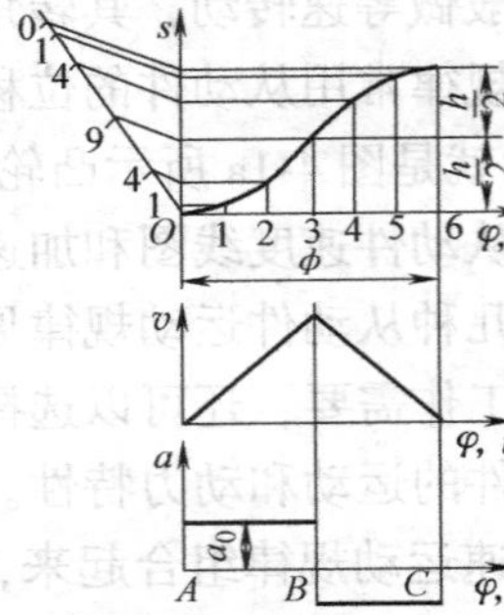	柔性冲击

（续）

运动规律	运动方程 推程	运动方程 回程	推程运动线图	运动特性
二次多项式	等减速段 $s=h-\frac{2h}{\Phi^2}(\Phi-\varphi)^2$ $v=\frac{ds}{dt}=\frac{4h\omega}{\Phi^2}(\Phi-\varphi)$ $a=\frac{dv}{dt}=-\frac{4h\omega^2}{\Phi^2}=-a_0$ $(\Phi/2\leqslant\varphi\leqslant\Phi)$	等加速段 $s=h-\frac{2h}{\Phi'^2}(\Phi+\Phi_s+\Phi'-\varphi)^2$ $v=-\frac{4h\omega}{\Phi'^2}(\Phi+\Phi_s+\Phi'-\varphi)$ $a=\frac{4h\omega^2}{\Phi'^2}$ $(\Phi+\Phi_s+\Phi'/2\leqslant\varphi\leqslant\Phi+\Phi_s+\Phi')$	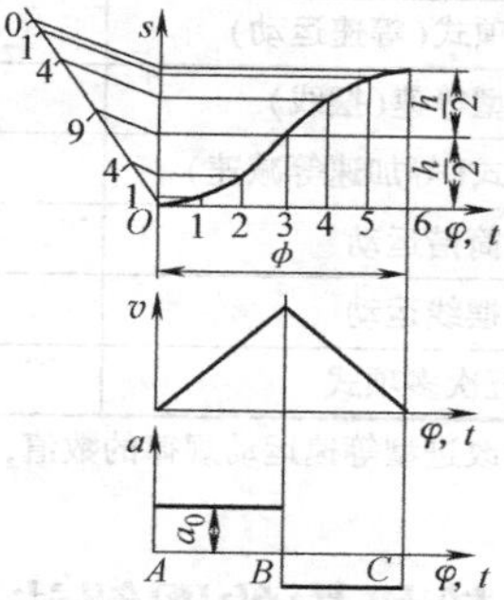	柔性冲击
五次多项式	$s=h\left[10\left(\frac{\varphi}{\Phi}\right)^3-15\left(\frac{\varphi}{\Phi}\right)^4+6\left(\frac{\varphi}{\Phi}\right)^5\right]$ $v=\frac{ds}{dt}=\frac{30h\omega}{\Phi}\left[\left(\frac{\varphi}{\Phi}\right)^2-2\left(\frac{\varphi}{\Phi}\right)^3+\left(\frac{\varphi}{\Phi}\right)^4\right]$ $a=\frac{dv}{dt}=\frac{60h\omega^2}{\Phi^2}\left[\left(\frac{\varphi}{\Phi}\right)-3\left(\frac{\varphi}{\Phi}\right)^2+2\left(\frac{\varphi}{\Phi}\right)^3\right]$ $(0\leqslant\varphi\leqslant\Phi)$	—	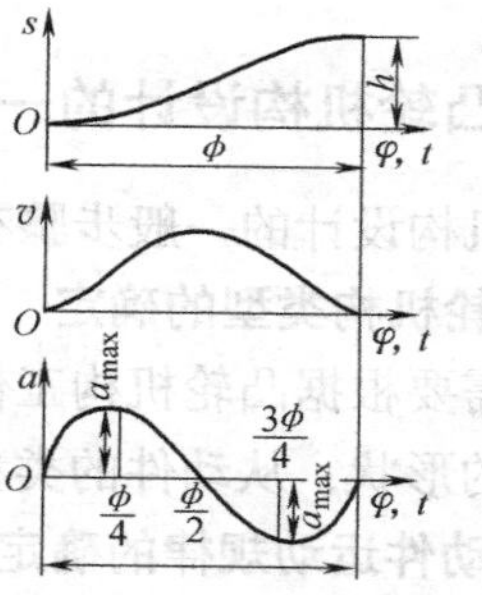	无冲击
简谐运动	$s=\frac{h}{2}\left(1-\cos\frac{\pi}{\Phi}\varphi\right)$ $v=\frac{ds}{dt}=\frac{h\pi\omega}{2\Phi}\sin\frac{\pi}{\Phi}\varphi$ $a=\frac{dv}{dt}=\frac{h\pi^2\omega^2}{2\Phi^2}\cos\frac{\pi}{\Phi}\varphi$ $(0\leqslant\varphi\leqslant\Phi)$	$s=\frac{h}{2}\left[1+\cos\frac{\pi}{\Phi'}(\varphi-\Phi-\Phi_s)\right]$ $v=-\frac{h\pi\omega}{2\Phi'}\sin\frac{\pi}{\Phi'}(\varphi-\Phi-\Phi_s)$ $a=-\frac{h\pi^2\omega^2}{2\Phi'^2}\cos\frac{\pi}{\Phi'}(\varphi-\Phi-\Phi_s)$ $(\Phi+\Phi_s\leqslant\varphi\leqslant\Phi+\Phi_s+\Phi')$	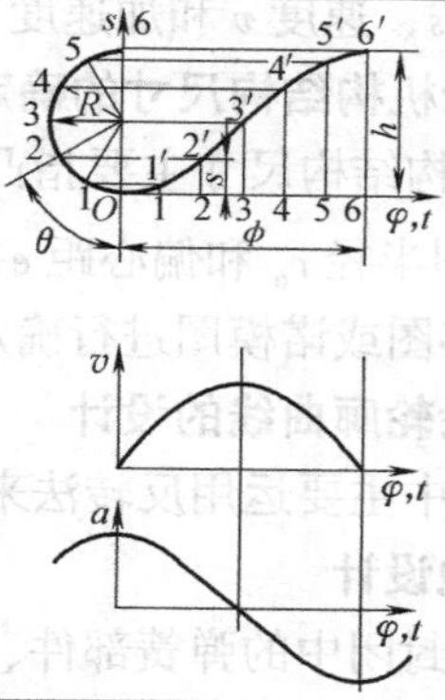	柔性冲击
摆线运动	$s=h\left(\frac{\varphi}{\Phi}-\frac{1}{2\pi}\sin\frac{2\pi}{\Phi}\varphi\right)$ $v=\frac{ds}{dt}=\frac{h\omega}{\Phi}\left(1-\cos\frac{2\pi}{\Phi}\varphi\right)$ $a=\frac{ds}{dt}=\frac{2\pi h\omega^2}{\Phi^2}\sin\frac{2\pi}{\Phi}\varphi$ $(0\leqslant\varphi\leqslant\Phi)$	$s=h\left[1-\frac{\varphi-\Phi-\Phi_s}{\Phi'}+\frac{1}{2\pi}\sin\frac{2\pi}{\Phi'}(\varphi-\Phi-\Phi_s)\right]$ $v=-\frac{h\omega}{\Phi'}\left[1-\cos\frac{2\pi}{\Phi'}(\varphi-\Phi-\Phi_s)\right]$ $a=-\frac{2\pi h\omega^2}{\Phi'^2}\sin\frac{2\pi}{\Phi'}(\varphi-\Phi-\Phi_s)$ $(\Phi+\Phi_s\leqslant\varphi\leqslant\Phi+\Phi_s+\Phi')$	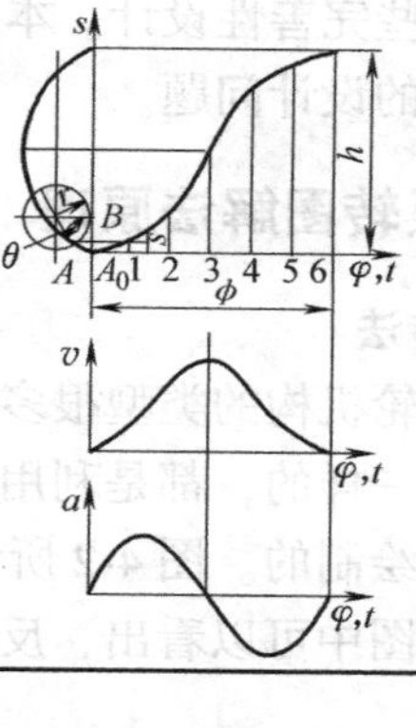	无冲击

表 4-2 几种从动件常用运动规律特性比较

运动规律	$v_{max}=\frac{h\omega}{\Phi}\times$	$a_{max}=\frac{h\omega^2}{\Phi^2}\times$	冲击	适用场合
一次多项式(等速运动)	1.00	∞	刚性	低速轻载
改进型等速(摆线)	1.33	8.38	—	低速重载
二次多项式(等加速等减速)	2.00	4.00	柔性	中速轻载
简谐运动	1.57	4.93	柔性	中低速中载
摆线运动	2.00	6.28	—	中高速轻载
五次多项式	1.88	5.77	—	高速中载

注：表中改进型等速运动规律的数值，随组合曲线的类型和组合曲线所对应的凸轮转角的大小不同而不同。

4.2 凸轮机构的图解法设计

4.2.1 凸轮机构设计的一般步骤

凸轮机构设计的一般步骤有以下几步。

1. 凸轮机构类型的确定

首先需要根据凸轮机构工作空间、从动件的工作行程以及承载问题等实际工作需求，来确定凸轮的形状、从动件的类型及其运动形式、从动件与凸轮的接触方式等。

2. 从动件运动规律的确定

根据从动件需要实现的运动、凸轮轮廓曲线的加工水平等实际因素来确定从动件运动规律，即位移 s、速度 v 和加速度 a 与凸轮转角 φ 之间的运动规律。

3. 凸轮机构结构尺寸的确定

凸轮机构结构尺寸主要指凸轮基圆半径 r_0、偏心距 e、滚子半径 r_T 和平底推杆的长度 L。凸轮基圆半径 r_0 和偏心距 e 可根据机构在实际工作要求的许用压力角进行设计，并结合类速度-位移图或诺模图进行确定。

4. 凸轮轮廓曲线的设计

图解法中主要运用反转法来进行凸轮轮廓曲线的设计。

5. 其他设计

包括力封闭中的弹簧部件、结构封闭中的锁合结构、高速凸轮机构的动力学分析等凸轮机构中的一些完善性设计。本书主要是针对中低速常用凸轮机构的设计，因此可暂不考虑这些辅助结构的设计问题。

4.2.2 反转图解法原理

1. 反转法

尽管凸轮机构的类型很多，从动件的运动规律各不相同，但是用图解法设计凸轮轮廓曲线的原理是一样的，都是利用凸轮和从动件之间的相对运动保持不变的概念，采用反转法原理进行设计绘制的。图 4-2 所示为一对心直动尖顶从动件盘形凸轮机构的轮廓曲线反转法设计原理。从图中可以看出，反转法设计就是设想给整个凸轮机构加上一个绕 O 转动的公共角速度$-\omega$，这时凸轮与从动件之间的相对运动并未改变，但此时凸轮相对静止不动，而从动件则一方面随其导路以角速度$-\omega$绕O转动，另一方面又同时在导路内做预期的往复运动。根据这种关系，不难求出从动件反转后的一系列位置1，2，…。由于尖顶始终与凸轮轮廓接触，所以从动件反转后尖顶的运动轨迹，就是凸轮的轮廓曲线。

2. 几种常用盘形凸轮机构的反转法设计

（1）偏置直动尖顶从动件盘形凸轮机构

图4-3所示为一偏置直动尖顶从动件盘形凸轮机构，利用反转法绘制此凸轮轮廓曲线的步骤如下：

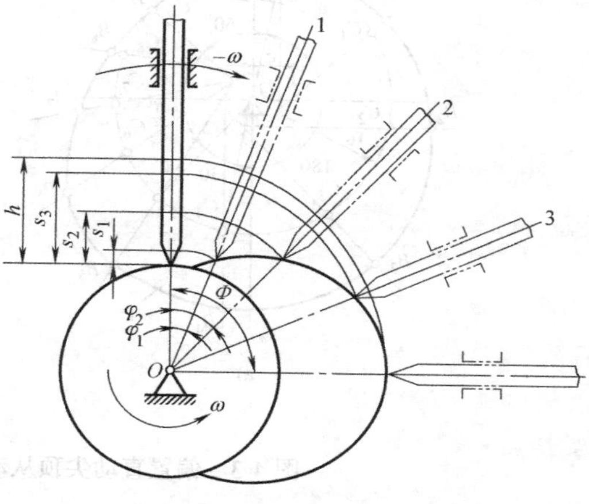

图4-2　凸轮轮廓曲线的反转法设计原理

1）选取比例尺$\mu_l=\mu_s$，以r_0为半径作基圆，以e为半径作偏距圆与从动件导路中心线切于K点，基圆与从动件导路中心线的交点B_0（C_0）即为从动件推程的起始位置。

2）将图4-3b位移线图s-φ的推程运动角和回程运动角分别作若干等分。

3）从OC_0开始，沿ω的反方向分别量取推程运动角$\Phi=\angle C_0OC_4=180°$、远休止角$\Phi_S=\angle C_4OC_5=30°$、回程运动角$\Phi'=\angle C_5OC_9=90°$、近休止角$\Phi'_S=\angle C_9OC_0=60°$，并将此处的推程运动角和回程运动角分成与图4-3b中相同的等份，分别得到C_1、C_2、C_3和C_6、C_7、C_8诸点。

4）过C_1、C_2、C_3、…作与B_0K一样切向的一系列偏距圆的切线，即为反转后从动件导路中心线的一系列位置线。

5）分别沿以上各切线从基圆开始量取从动件相应的位移量，即取线段$\overline{C_1B_1}=\overline{11'}$、$\overline{C_2B_2}=\overline{22'}$、…，得反转后从动件尖顶的一系列实际位置$B_1$、$B_2$、$B_3$、…。

6）将点B_0、B_1、B_2、…连成光滑曲线（B_4和B_5之间以及B_9和B_0之间均为以O为圆心的圆弧），即可获得所设计的凸轮轮廓曲线。

若偏距$e=0$，则成为对心直动尖顶从动件盘形凸轮机构。这时，从动件的导路中心线通过凸轮的回转中心O，反转后偏距圆的切线变为过凸轮回转中心的径向射线，其设计方法与上述相同。

（2）偏置直动滚子从动件盘形凸轮机构　图4-4所示为一偏置直动滚子从动件盘形凸轮机构。把滚子中心看作尖顶从动件的“尖顶”，假想去掉滚子，则成为偏置直动尖顶从动件盘形凸轮机构，按照上面讲述的方法画出一条轮廓曲线η；然后以η上各点为中心，以滚子半径为半径作一系列圆；最后作这些圆的内包络线η'，即为该凸轮的实际轮廓曲线，而η则称为凸轮的理论轮廓曲线。

若偏心距$e=0$，则为对心直动滚子从动件盘形凸轮机构，其设计方法与上述相同。

（3）直动平底从动件盘形凸轮机构　图4-5所示为一对心直动平底从动件盘形凸轮机构。将平底与导路中心线的交点B_0当作从动件的“尖顶”，按照上述尖顶从动件凸轮轮廓曲线的绘制方法，求出“尖顶”反转后的一系列位置B_1、B_2、B_3、…；然后，过这些点画一

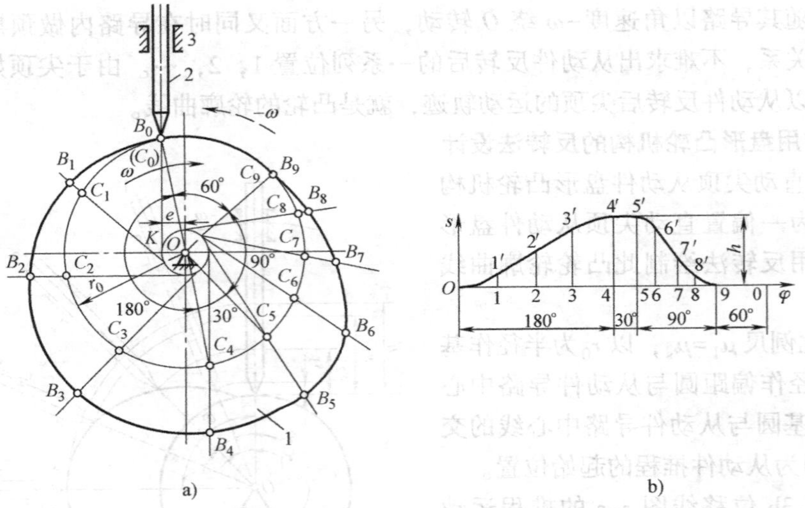

图 4-3　偏置直动尖顶从动件盘形凸轮轮廓曲线的绘制

系列的平底，得一平底直线族；最后作此平底直线族的包络线，即可得到凸轮的实际轮廓曲线。

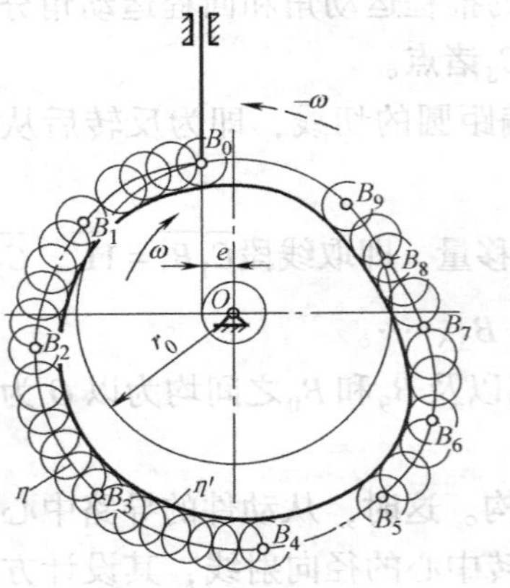

图 4-4　偏置直动滚子从动件盘形凸轮轮廓曲线的绘制

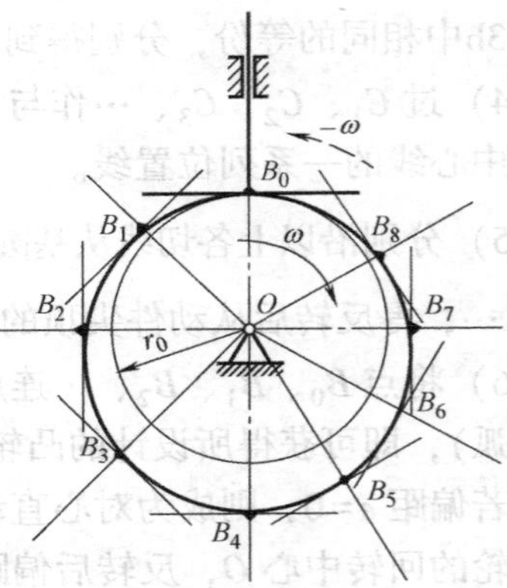

图 4-5　对心直动平底从动件盘形凸轮轮廓曲线的绘制

（4）摆动从动件盘形凸轮机构　图 4-6 所示的摆动尖顶从动件盘形凸轮机构，设想给整个机构加上一个绕其回转中心 O 转动的公共角速度$-\omega$，这时凸轮与从动件之间的相对运动并未改变，但此时凸轮相对静止不动，而摆动从动件则一方面随机架 AO 以角速度$-\omega$ 绕 O 转动，另一方面又同时绕 A 点做预期的往复摆动。根据以上分析，绘制步骤如下：

1）选取适当比例尺 μ_1，根据给定的 a 分别定出凸轮的转动中心 O 和从动件的摆动中心 A_0。以 O 为圆心，r_0为半径作基圆，再以 A_0为圆心、以 l 为半径作圆弧交基圆于点 $B_0(C_0)$（如要求从动件推程逆时针摆动，B_0在 OA_0的右方，反之则在 OA_0的左方），该点即为摆动从动件尖顶的初始位置。

2）将图 4-6b 位移线图 ψ-φ 中的推程运动角和回程运动角分别分成若干等份，求出各等分点对应的角位移值 $\psi_1=\mu_\psi\overline{11'}$、$\psi_2=\mu_\psi\overline{22'}$、…（$\mu_\psi$为角位移比例尺）。

3）以 O 为圆心、OA_0为半径画圆。沿$-\omega$ 方向顺次量取推程运动角 $\Phi=\angle A_0OA_4=180°$、远休止角 $\Phi_S=\angle A_4OA_5=30°$、回程运动角 $\Phi'=\angle A_5OA_9=90°$、近休止角 $\Phi'_S=\angle A_9OA_0=60°$，并将此处的推程运动角和回程运动角分成与图 4-6b 中的推程运动角和回程运动角相同的等份，得 A_1、A_2、A_3、…和 A_6、A_7、A_8、…。

4）以 A_1、A_2、A_3、…为圆心，l 为半径作一系列圆弧$\overset{\frown}{C_1D_1}$、$\overset{\frown}{C_2D_2}$、$\overset{\frown}{C_3D_3}$、…，分别与基圆交于 C_1、C_2、C_3、…。从 A_1C_1、A_2C_2、A_3C_3、…开始，沿逆时针方向量取与图 4-6b 对应的从动件摆角 ψ_1、ψ_2、ψ_3、…，得摆动从动件反转后相对于凸轮的一系列位置 A_1B_1、A_2B_2、A_3B_3、…，它们与圆弧$\overset{\frown}{C_1D_1}$、$\overset{\frown}{C_2D_2}$、$\overset{\frown}{C_3D_3}$、…分别交于点 B_1、B_2、B_3、…。

5）将点 B_0、B_1、B_2、…连成光滑封闭曲线，即为所求的摆动尖顶从动件盘形凸轮轮廓曲线。

注意：为了保证从动件尖顶始终与凸轮轮廓曲线接触，并且避免凸轮轮廓曲线与从动件的干涉，一般情况下从动件都需做成弯杆形。

另外，如果是摆动滚子或平底从动件，则可把上述求得的 B_1、B_2、B_3、…看作是摆动尖顶从动件反转后“尖顶”的一系列位置，将这些点连成一条光滑的曲线，即为理论轮廓曲线，只要在其上选一系列点作滚子圆或平底，再作它们的包络线，就得到实际轮廓曲线。

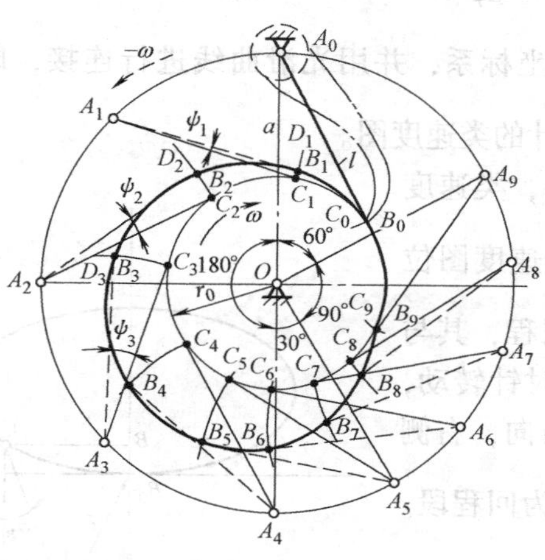

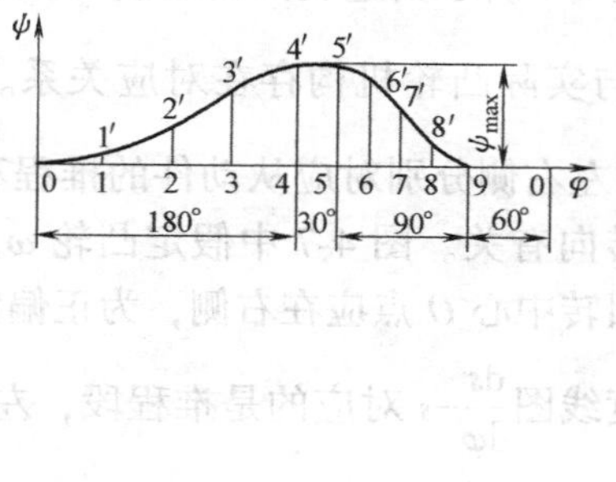

图 4-6　摆动尖顶从动件盘形凸轮轮廓曲线的绘制

4.2.3　凸轮基圆半径的确定

上节介绍的凸轮轮廓曲线图解法设计，前提条件是其基圆半径 r_0、直动从动件的偏距 e 或摆动从动件摆动中心与凸轮回转中心距 a、滚子半径 r_T和平底尺寸 L 等基本尺寸已知。

凸轮基圆半径、偏距以及从动件运动参数与压力角关系如式（4-1）所示。可以看出，

在偏距 e 和从动件运动规律确定时，基圆半径的增加，会减小压力角，从而改善机构的传力性能。但是基圆半径的增加，会增加机构的尺寸，带来不利。因此，一般设计都要求凸轮机构在最大压力角不超过许用压力角（即 $\alpha_{max}<[\alpha]$）的情况下，尽可能取较小的基圆半径。

$$\tan\alpha=\frac{|ds/d\varphi-e|}{s+\sqrt{r_0^2-e^2}} \tag{4-1}$$

总之，凸轮基圆半径的确定需要考虑的主要因素是在满足许用压力角情况下尽可能取较小值，但又应大于凸轮轴。此外，还应满足凸轮轮廓曲线上的最小曲率半径大于零。

当已知凸轮回转方向和从动件运动规律时，根据推程和回程许用压力角，可通过求解式（4-1）获得满足该条件下的最小基圆半径及最佳偏距。考虑到该数值求解过程的复杂性、不太直观方便等问题，本节主要介绍已知凸轮设计许用压力角的情况下，如何用图解法合理确定凸轮基圆半径和偏距等主要尺寸。便于工程应用的图解设计法主要有类速度图法和诺模图法。

1. 类速度图图解法

已知凸轮回转角速度 ω 方向（比如顺时针），推程和回程许用压力角分别为 $[\alpha]$ 和 $[\alpha']$，从动件运动规律 $s=s(\varphi)$。定义 $\frac{ds}{d\varphi}$ 为从动件的类速度，有 $\frac{ds}{d\varphi}=\frac{v}{\omega}$。因此可以根据从动件位移线图或者速度线图，获得类速度 $\frac{ds}{d\varphi}$。以直动尖顶盘形凸轮机构设计为例，在从动件尖顶位移为 0 的起始位置 B_0 处建立直角坐标系 $\frac{ds}{d\varphi}-s$，横坐标为 $\frac{ds}{d\varphi}$，纵坐标为 s。将推程和回程中从动件对应的 s 和 $\frac{ds}{d\varphi}$ 位置点绘制在该坐标系，并用光滑曲线进行连接，即可获得如图 4-7所示的曲线图，该图称为凸轮机构设计的类速度图。

从图 4-7 所示类速度图的绘制可以看出，类速度图 $\frac{ds}{d\varphi}-s$ 与实际凸轮机构存在对应关系。类速度图位移轴 s 的左右侧分别对应从动件的推程和回程，其与凸轮的转向有关。图 4-7 中假定凸轮 ω 顺时针转动，则凸轮回转中心 O 点应在右侧，为正偏置方向，右侧的类速度线图 $\frac{ds}{d\varphi}-s$ 对应的是推程段，左侧为回程段。反之，则相反。类速度线图 $\frac{ds}{d\varphi}-s$ 上任一点 C 为凸轮机构推程中的某一位置，C 点在 s 轴上的投影点为 B，则 $\overline{B_0B}$ 即为此时从动件的位移，O 点至 s 轴的距离即为偏距 e，$\overline{OB_0}$ 为基圆半径，OC 与 s 轴所夹锐角为此时凸轮机构的压力角 α_B。反过来，可以通过类速度图上位置点的许用压力角确定出凸轮回转中心 O 的位置，相应的凸轮基圆半径和偏距即可确定。

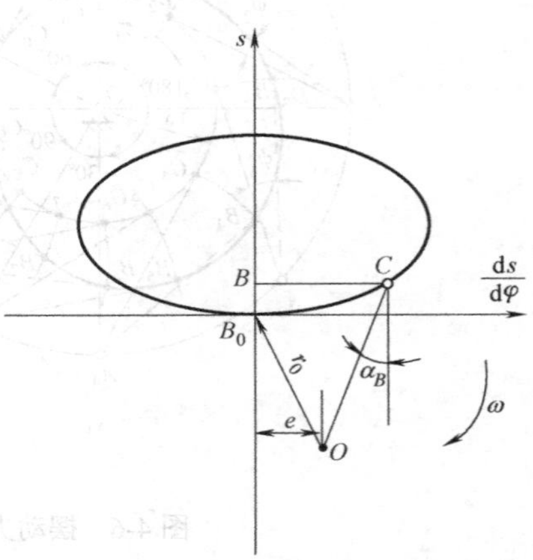

图 4-7　类速度图的绘制

图 4-8a 和 b 所示分别为凸轮机构在推程和回程时的瞬时位置，阴影线分别为小于图示

位置的推程压力角和回程压力角时，凸轮回转中心 O 的可选范围。那么，如果已知推程许用压力角［α］和回程需用压力角［α'］时，凸轮机构回转中心的合理可选区域便可以据此确定。如图 4-9 所示，在类速度$\frac{ds}{d\varphi}$-s 曲线上的所有点作出满足许用压力角的线段（包括推程段和回程段），求出满足所有点的公共区域即为凸轮回转中心 O 的合理可选区域。图 4-9 中的 C_1和 C_2点分别为推程段和回程段中满足许用压力角时的临界位置点，通过这两个点所绘制的两条直线 L_1和 L_2分别为其相应的满足许用压力角时的临界直线。两条直线交点为 O_{12}，其相交的阴影区域即为满足了推程和回程许用压力角时的凸轮回转中心可选区域，点 O_{12}即为在满足许用压力角条件下，具有最小基圆半径时的凸轮回转中心点，同时，O_{12}距 S 轴的距离为凸轮机构的最佳偏距 e。此外，在一些实际场合中，除了对凸轮机构在推程和回程阶段有许用压力角的要求外，往往对凸轮机构的起始点（位移为零的位置）也有压力角的要求，即起始点许用压力角［α_{B_0}］。因此，图 4-9 中的 L_0即为满足起始点许用压力角的直线，其与 L_1和 L_2共同相交区域才为凸轮机构回转中心可选区域。此时，L_0和 L_1交点 O_{10}即为在满足许用压力角条件下，具有最小基圆半径时的凸轮回转中心点，且 O_{10}距 S 轴的距离为凸轮机构的最佳偏距 e。不过在实际工程应用中，因为需要考虑凸轮机构的结构、强度等因素，回转中心不一定选在 O_{10}点，比如首先要保证凸轮的基圆半径要大于凸轮轴的轴径。但是，只要确定了凸轮的回转中心，相应的基圆半径和偏距便可确定。

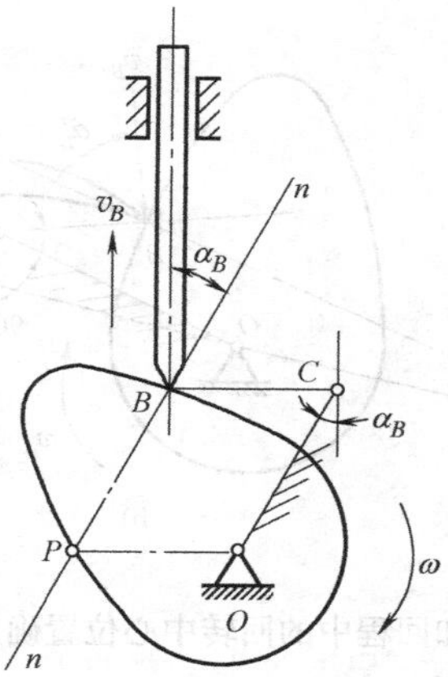

a)

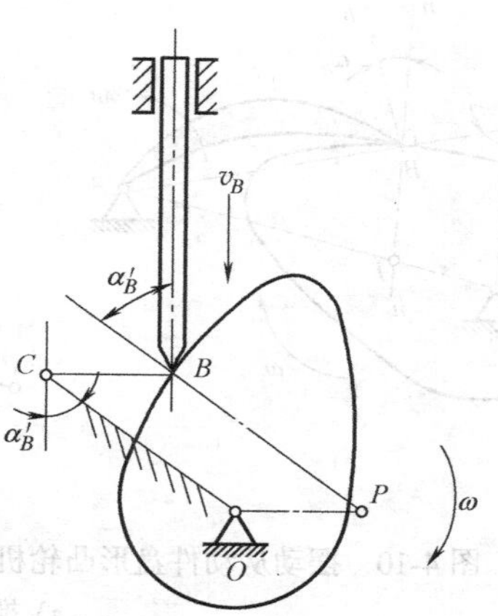

b)

图 4-8　满足许用压力角时的凸轮回转中心位置

a) 推程　b) 回程

另外，可以看出，图 4-9 所示的阴影可选区域与 s 轴相交的部分是对心直动凸轮机构的回转中心位置 O'。$l_{O'B_0}>l_{O_{10}B_0}$，则说明同样满足许用压力角条件下，对心从动件凸轮机构的最小基圆半径要大于偏置从动件的最小基圆半径。换言之，基圆半径相同时，偏距 e 能够降低凸轮机构的推程压力角。需要注意的是，偏距 e 在 s 轴的右侧还是左侧，取决于凸轮的回转方向 ω。为了避免出现自锁等不利因素，凸轮机构都应该考虑设计为正偏置，即当 ω 为顺时针时，凸轮回转中心应位于 s 轴右侧；相反，ω 为逆时针时，凸轮回转中心则应位于 s 轴的左侧。

对于摆动从动件盘形凸轮机构，如果已知摆杆长度$\overline{AB}$和摆杆运动规律$\psi=\psi(\varphi)$，且凸轮按逆时针方向匀速回转，可知压力角与基圆半径和摆动中心A与凸轮回转中心O之间的距离$\overline{OA}$有关。反过来，可以通过类速度图上的位置点的许用压力角确定出凸轮回转中心O的位置，相应的凸轮基圆半径和距离$\overline{OA}$即可确定。

图4-10a、b所示分别为凸轮机构从动件在推程和回程时的某一瞬时位置，阴影线分别为小于图示位置的推程压力角和回程压力角时，凸轮回转中心O的可选范围。那么，如果已知推程许用压力角$[\alpha]$和回程许用压力角$[\alpha']$时，凸轮机构回转中心的合理可选区域便可以据此确定。

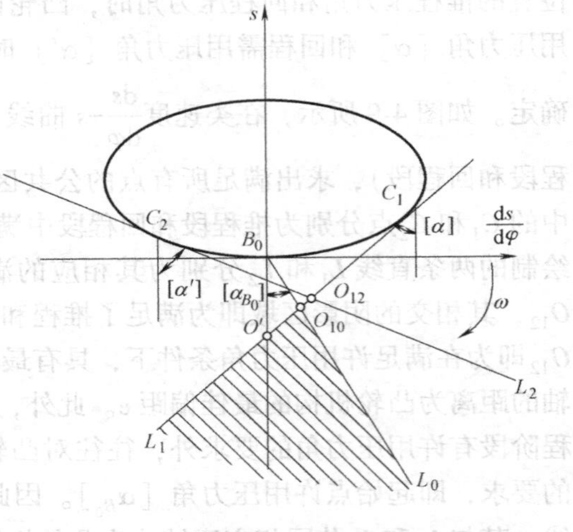

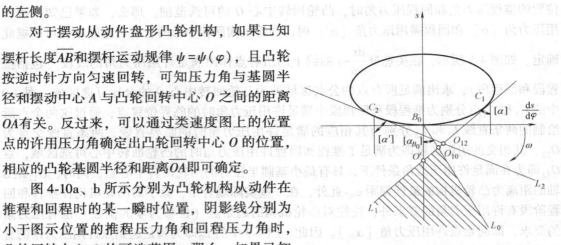

图4-9　用类速度图解法确定直动从动件凸轮的最佳基圆半径和偏距

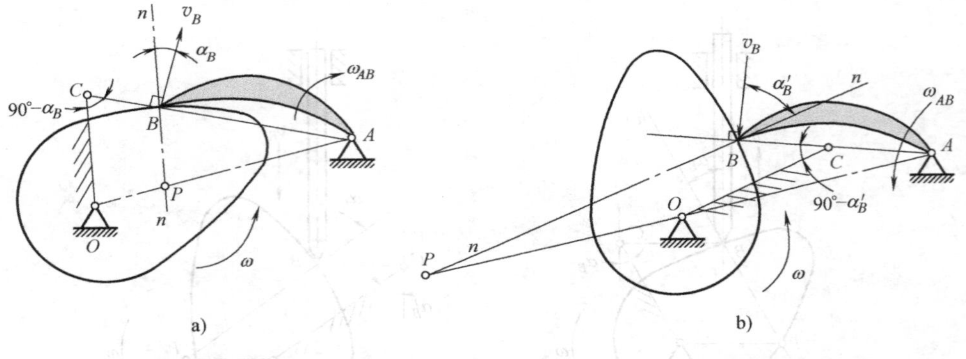

图4-10　摆动从动件盘形凸轮机构在推程和回程中的回转中心位置确定

a）推程　b）回程

如图4-11所示为摆动从动件盘形凸轮机构的类速度图$\frac{d\psi}{d\varphi}$-ψ曲线。该曲线同样由摆杆运动规律曲线$\psi=\psi(\varphi)$分析获得，方法与前面尖顶直动从动件凸轮机构相似。在该曲线上的所有位置点上作出许用压力角的线段（包括推程段和回程段），求出满足所有位置点的公共区域即为凸轮回转中心O的最终区域。图4-11中的C_1和C_2点分别为推程段和回程段中满足许用压力角时的临界位置点，通过这两个点所绘制的两条直线L_1和L_2分别为其相应的满足许用压力角时的临界直线。两条直线交点为O_{12}，其相交的阴影区域即为满足了推程和回程许用压力角时的凸轮回转中心可选区域，点O_{12}即为在满足许用压力角条件下，具有最小基圆半径时的凸轮回转中心点，即$\overline{O_{12}B_0}$为最小基圆半径，同时，$\overline{O_{12}A}$为摆动中心A与凸轮回转中心的最佳距离。

另外需要注意，对于平底从动件盘形凸轮机构，由于其压力角恒为常数，因此不能使用上述的许用压力角来确定凸轮回转中心位置，应根据实际情况具体分析，只要满足外凸凸轮轮廓曲线不失真即可。

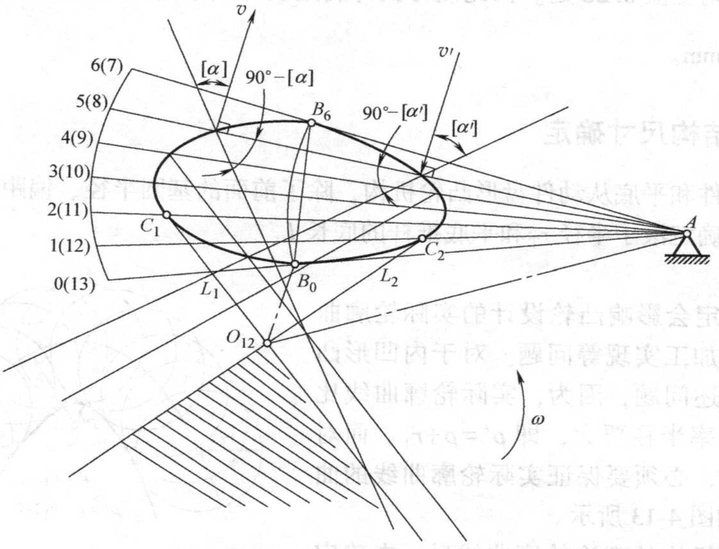

图 4-11　用类速度图解法确定摆动从动件凸轮的最佳基圆半径和偏距

2. 诺模图设计

诺模图是工程上所使用的在几种常用推杆运动规律下的基圆半径与许用压力角的关系图。如图 4-12 所示为对心直动从动件盘形凸轮机构设计时的诺模图。其中，图 4-12a 为等速和等加速等减速运动规律下的凸轮诺模图，图 4-12b 为简谐和摆线运动规律下的凸轮诺模图。通过图 4-12 所示的诺模图，根据实际工作需要的许用压力角可以确定凸轮廓线的最小基圆半径，反过来，也可以根据所设计的凸轮基圆半径来检验凸轮的最大压力角是否超过许用值。

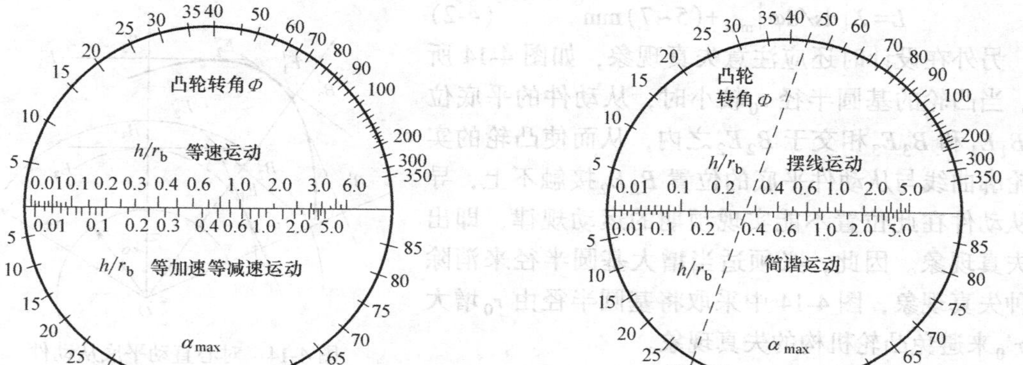

图 4-12　常用从动件运动规律的凸轮诺模图

a）等速和等加速等减速运动规律　b）简谐和摆线运动规律

使用诺谟图进行凸轮基圆半径的确定，方便快捷。如果要求设计一个对心直动尖顶盘形凸轮机构，并要求凸轮以摆线运动规律运动，当转角 $\delta=45°$，位移 $h=20\text{mm}$ 时，推程压力角 $\alpha_{max}\leqslant30°$。在对应的诺谟图 4-12b 中，分别找见 $\delta=45°$ 和 $\alpha_{max}=30°$ 的位置点并用直线连接，与横轴相交于刻度值 0.26 处。据此便可获得满足设计要求时凸轮机构的合理基圆半径为 $r_b=\dfrac{h}{0.26}=76.92\text{mm}$。

4.2.4 从动件结构尺寸确定

对于滚子从动件和平底从动件盘形凸轮机构，除了前面的基圆半径、偏距、中心距离等主要参数外，还应确定滚子半径 r_T 和平底推杆的底长 L。

1. 滚子半径

滚子半径的确定会影响凸轮设计的实际轮廓曲线是否失真及能否加工实现等问题。对于内凹形凸轮轮廓，不存在上述问题，因为，实际轮廓曲线比理论轮廓曲线的曲率半径要大，即 $\rho'=\rho+r_T$。而对于外凸形凸轮轮廓，必须要保证实际轮廓曲线的曲率半径 $\rho'>0$，即如图 4-13 所示。

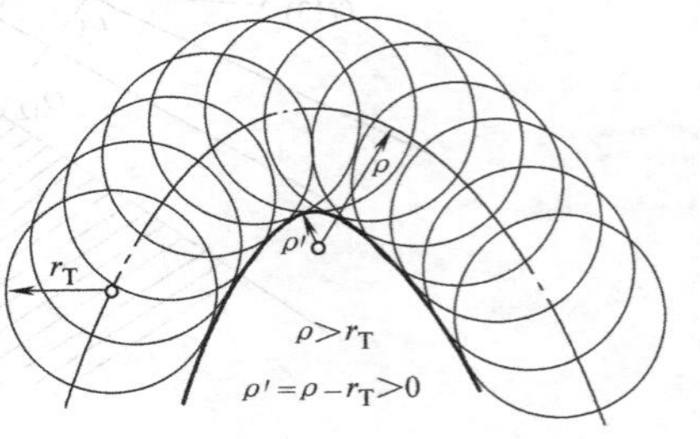

图 4-13 外凸形凸轮廓线对滚子半径的要求

当设计出凸轮机构的理论轮廓曲线后，在确定滚子半径 r_T 时，首先必须保证其小于理论轮廓曲线上外凸部分的最小曲率半径 ρ_{min}，通常留一定设计余量，取 $r_T\leqslant0.8\rho_{min}$。另一方面，滚子的尺寸还受其强度、结构的限制，不能做得太小。因此实际设计时，应综合这两方面的因素合理确定滚子的半径 r_T。

2. 平底推杆的底长

对于对心直动平底从动件盘形凸轮机构，应首先保证凸轮转动过程中从动件平底始终与凸轮接触。考虑了安全余量后的平底推杆底长为

$$L=2\left|ds/d\varphi\right|_{max}+(5\sim7)\text{mm} \tag{4-2}$$

另外在设计时还应注意失真现象，如图 4-14 所示。当凸轮的基圆半径 r_0 较小时，从动件的平底位置 B_1E_1 和 B_3E_3 相交于 B_2E_2 之内，从而使凸轮的实际轮廓曲线与从动件平底的位置 B_2E_2 接触不上，导致从动件在此位置不能实现预期的运动规律，即出现失真现象。因此，必须适当增大基圆半径来消除这种失真现象，图 4-14 中采取将基圆半径由 r_0 增大到 r'_0 来避免凸轮机构的失真现象。

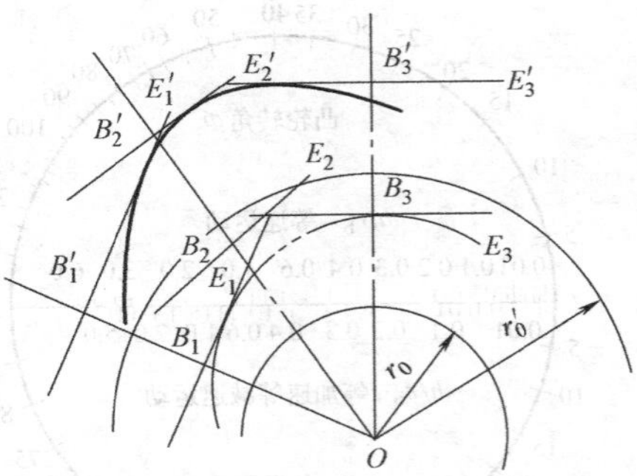

图 4-14 对心直动平底从动件盘形凸轮机构的失真

4.3 凸轮机构的解析法设计

随着计算机辅助设计技术的发展，解析法逐渐获得了更多的应用，与图解法相比，解析法具有求解精度高、效率高等优点。解析法是在已知从动件运动规律、凸轮机构类型、凸轮

基圆半径 r_0、滚子半径 r_T 等条件下，建立凸轮轮廓曲线数学方程，利用计算机辅助求解的过程。解析法和图解法都是利用反转法来推导凸轮轮廓曲线的。本节将分析几种常用的典型凸轮轮廓曲线数学模型。

4.3.1 几种常用盘形凸轮机构的轮廓曲线数学建模

1. 偏置直动滚子从动件盘形凸轮轮廓曲线数学模型

（1）凸轮理论轮廓曲线数学模型 图 4-15 所示为偏置直动滚子从动件盘形凸轮机构。已知凸轮基圆半径 r_0、从动件导路的偏距 e、滚子半径 r_T，以及从动件的运动规律 $s=s(\varphi)$，凸轮以等角速度 ω 逆时针转动。

建立 Oxy 直角坐标系，使 y 轴与从动件的导路中心线平行，B_0点为凸轮推程段轮廓曲线的起始点，即从动件推程的初始位置。当凸轮转过 φ 角时，从动件沿导路按预定运动规律发生位移 s。由反转法可知滚子中心处于 B 点时，式（4-3）即为凸轮的理论轮廓曲线数学模型。

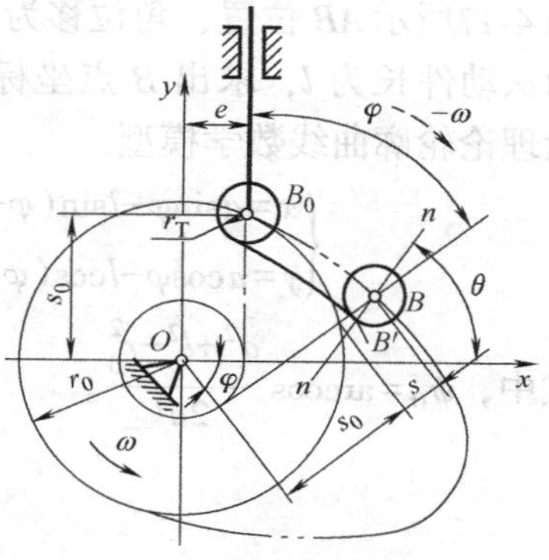

图 4-15 偏置直动滚子从动件盘形凸轮机构

$$\begin{cases} x=(s_0+s)\sin\varphi+e\cos\varphi \\ y=(s_0+s)\cos\varphi-e\sin\varphi \end{cases} \tag{4-3}$$

式中，$s_0=\sqrt{r_0^2-e^2}$；e 为偏距，其正负号规定如下：当凸轮沿逆时针方向转动时，从动件的导路中心线位于凸轮回转中心的右侧，e 为正，反之为负；若凸轮沿顺时针方向转动时，则正好相反。

（2）凸轮实际轮廓曲线数学模型 对于滚子从动件凸轮机构，其理论轮廓曲线与实际轮廓曲线为等距曲线，两者在法线方向的距离应等于滚子半径 r_T。当已知理论轮廓曲线上任一点 $B(x, y)$ 时，只要沿理论轮廓曲线在该点的法线方向 n-n 取距离为 r_T，即得实际轮廓曲线上的相应点 $B'(x', y')$。求出图 4-15 所示任意位置的 θ 角，实际轮廓曲线上的相应点 $B'(x', y')$ 的坐标就可按式（4-4）求出，式（4-4）即为凸轮实际轮廓曲线的数学模型。

$$\left.\begin{aligned} x'&=x-r_T\cos\theta \\ y'&=y-r_T\sin\theta \end{aligned}\right\} \tag{4-4}$$

2. 对心直动平底从动件盘形凸轮轮廓曲线

图 4-16 所示为一对心直动平底从动件盘形凸轮机构，其平底与从动件导路中心线垂直，凸轮以等角速度 ω 逆时针转动。

同样建立直角坐标系 Oxy，使从动件的导路中心线与 y 轴重合。B_0为凸轮推程轮廓曲线的起始点，当凸轮转过 φ 角时，从动件发生的位移为 s。从动件与凸轮的相对瞬心在 P 点，从动件瞬时速度为

$$v=v_P=\omega l_{OP} \tag{4-5}$$

$$l_{OP}=v/\omega=\mathrm{d}s/\mathrm{d}\varphi \tag{4-6}$$

B 点坐标方程即为凸轮实际轮廓曲线的数学模型：

$$\begin{cases}x=(r_0+s)\sin\varphi+(\mathrm{d}s/\mathrm{d}\varphi)\cos\varphi \\ y=(r_0+s)\cos\varphi-(\mathrm{d}s/\mathrm{d}\varphi)\sin\varphi\end{cases} \tag{4-7}$$

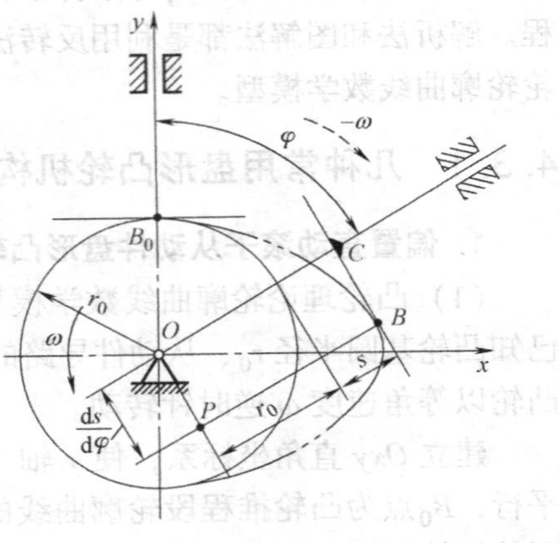

图 4-16　对心直动平底从动件盘形凸轮机构

3. 摆动滚子从动件盘形凸轮轮廓曲线

图 4-17 所示为摆动滚子从动件盘形凸轮机构，凸轮以等角速度 ω 逆时针转动。以凸轮回转中心 O 与摆动从动件的摆动中心 A_0 的连线为 y 轴，建立 Oxy 直角坐标系。A_0B_0 为从动件推程的初始位置，与机架 A_0O 之间的夹角为 ψ_0（摆动从动件初位移角）。根据反转法，从动件随机架 A_0O 一起反转 φ 角后，处于图 4-17所示 AB 位置，角位移为 ψ。若机架长为 a，摆动从动件长为 l，求出 B 点坐标如式（4-8），即为凸轮理论轮廓曲线数学模型。

$$\begin{cases}x=a\sin\varphi-l\sin(\varphi+\psi_0+\psi) \\ y=a\cos\varphi-l\cos(\varphi+\psi_0+\psi)\end{cases} \tag{4-8}$$

式中，$\psi_0=\arccos\dfrac{a^2+l^2-r_0^2}{2al}$。

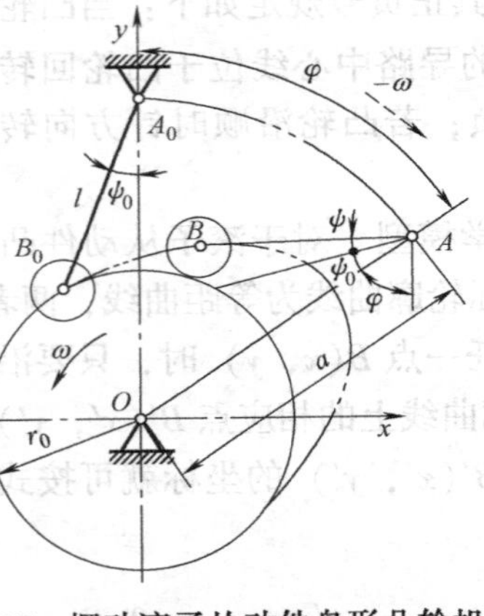

图 4-17　摆动滚子从动件盘形凸轮机构

4.3.2　凸轮机构主要结构尺寸的解析法确定

1. 凸轮基圆半径确定的解析法求解流程

前面所介绍的图解法根据许用压力角，确定凸轮回转中心、最小基圆半径及偏距。解析法可以根据压力角与凸轮基圆半径、偏距以及从动件运动参数的关系式求解基圆半径，见式（4-9）。

$$\alpha=\arctan\frac{|\mathrm{d}s/\mathrm{d}\varphi-e|}{s+\sqrt{r_0^2-e^2}} \tag{4-9}$$

考虑到基圆半径的增大虽然能减小压力角，但是会使机构尺寸增加，因此可在保证满足 $\alpha_{max}<[\alpha]$ 时，计算求解最小基圆半径 r_0。具体求解流程如图 4-18 所示。

2. 滚子半径的解析法确定

从前面的图解法设计分析可知，确定滚子半径 r_T 时，首先必须保证其小于理论轮廓曲线上外凸部分的最小曲率半径 ρ_{min}，通常留一定设计余量，取 $r_T \leqslant 0.8\rho_{min}$。因此，必须根据所设计的凸轮理论轮廓曲线进行最小曲率半径验算。具体验算流程如图 4-19 所示。

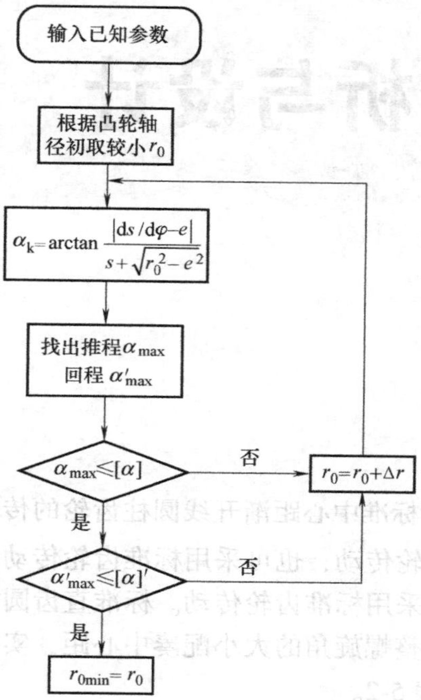

图 4-18　直动从动件凸轮机构的最小基圆半径确定流程

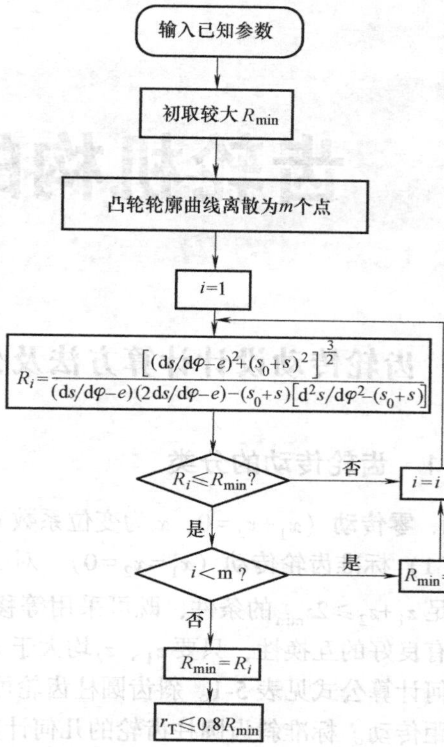

图 4-19　直动从动件凸轮理论轮廓曲线的最小曲率半径验算流程

第 5 章 齿轮机构的分析与设计

5.1 齿轮传动设计计算方法及公式

5.1.1 齿轮传动的分类

1. 零传动（$x_1+x_2=0$，x 为变位系数）

（1）标准齿轮传动（$x_1=x_2=0$） 对于希望采用标准中心距渐开线圆柱齿轮的传动，只要满足 $z_1+z_2 \geqslant 2z_{min}$ 的条件，既可采用等移距变位齿轮传动，也可采用标准齿轮传动。如果希望有良好的互换性，只要 z_1、z_2 均大于 z_{min}，建议采用标准齿轮传动。标准直齿圆柱齿轮的几何计算公式见表 5-1。斜齿圆柱齿轮可以通过调整螺旋角的大小配凑中心距，实现标准中心距传动。标准斜齿圆柱齿轮的几何计算公式见表 5-2。

表 5-1 渐开线标准直齿圆柱齿轮几何尺寸计算公式

名 称	代号	计 算 公 式	
		小 齿 轮	大 齿 轮
模数	m	根据齿轮受力情况和结构要求确定，选取标准值	
齿形角	α	选取标准值	
分度圆直径	d	$d_1=mz_1$	$d_2=mz_2$
齿顶高	h_a	$h_{a1}=h_a^* m$	$h_{a2}=h_a^* m$
齿根高	h_f	$h_{f1}=(h_a^*+c^*)m$	$h_{f2}=(h_a^*+c^*)m$
全齿高	h	$h_1=h_{a1}+h_{f1}=(2h_a^*+c^*)m$	$h_2=h_{a2}+h_{f2}=(2h_a^*+c^*)m$
齿顶圆直径	d_a	$d_{a1}=d_1+2h_{a1}=(z_1+2h_a^*)m$	$d_{a2}=d_2+2h_{a2}=(z_2+2h_a^*)m$
齿根圆直径	d_f	$d_{f1}=d_1-2h_{f1}=(z_1-2h_a^*-2c^*)m$	$d_{f2}=d_2-2h_{f2}=(z_2-2h_a^*-2c^*)m$
基圆直径	d_b	$d_{b1}=d_1\cos\alpha$	$d_{b2}=d_2\cos\alpha$
齿距	p	$p=\pi m$	
基(法)节	p_b	$p_b=p\cos\alpha=\pi m\cos\alpha$	
分度圆齿厚	s	$s=\dfrac{\pi m}{2}$	

（续）

名 称	代号	计 算 公 式	
		小齿轮	大齿轮
分度圆齿槽宽	e	$e=\frac{\pi m}{2}$	
节圆直径	d_w	（当中心距为标准中心距 a 时）$d_w=d$	
传动比	i	$i_{12}=\frac{\omega_1}{\omega_2}=\frac{d_{b2}}{d_{b1}}=\frac{d_2}{d_1}=\frac{d'_2}{d'_1}=\frac{z_2}{z_1}$	
标准中心距	a	$a=\frac{1}{2}(d_1+d_2)=\frac{m}{2}(z_1+z_2)$	
顶隙	c	$c=c^* m$	

表 5-2 标准斜齿圆柱齿轮几何计算公式

名称	代号	计算公式	名称	代号	计算公式
螺旋角	β	一般取 8°~20°	分度圆直径	d	$d=zm_t=zm_n/\cos\beta$
法向模数	m_n	取为标准值	基圆直径	d_b	$d_b=d\cos\alpha_t$
端面模数	m_t	$m_t=m_n/\cos\beta$	基圆柱螺旋角	β_b	$\tan\beta_b=\tan\beta\cos\alpha_t$
法向齿形角	α_n	取为标准值	最少齿数	z_{min}	$z_{min}=2h^*_{at}/\sin^2\alpha_t$
端面齿形角	α_t	$\tan\alpha_t=\tan\alpha_n/\cos\beta$	法向变位系数	x_n	$x_n=x_t/\cos\beta$
法向齿距	p_n	$p_n=\pi m_n$	端面变位系数	x_t	$x_t\geqslant h^*_{at}(z_{min}-z)/z_{min}$
端向齿距	p_t	$p_t=\pi m_t=p_n/\cos\beta$	齿顶高	h_a	$h_a=m_t(h^*_{at}+x_t)$ $=m_n(h^*_{an}+x_n)$
法向基节	p_{bn}	$p_{bn}=p_n\cos\alpha_n$	齿根高	h_f	$h_f=m_t(h^*_{at}+c^*_t-x_t)$ $=m_n(h^*_{an}+c^*_n-x_n)$
端向基节	p_{bt}	$p_{bt}=p_t\cos\alpha_t$	齿顶圆直径	d_a	$d_a=d+2h_a$
法向齿顶高系数	h^*_{an}	取为标准值	齿根圆直径	d_f	$d_f=d-2h_f$
端向齿顶高系数	h^*_{at}	$h^*_{at}=h^*_{an}\cos\beta$	法向齿厚	s_n	$s_n=\left(\frac{\pi}{2}+2x_n\tan\alpha_n\right)m_n$
法向顶隙系数	c^*_n	取为标准值	端面齿厚	s_t	$s_t=\left(\frac{\pi}{2}+2x_t\tan\alpha_t\right)m_t$
端面顶隙系数	c^*_t	$c^*_t=c^*_n\cos\beta$	当量齿数	z_v	$z_v=z/\cos^3\beta$

（2）等移距变位齿轮传动（$x_1=-x_2\neq0$） 等移距变位齿轮传动也称为高度变位齿轮传动，小齿轮采用正变位，大齿轮采用负变位。两轮变位系数分别满足：

$$x_1\geqslant h_a^*\frac{z_{min}-z_1}{z_{min}};x_2\geqslant h_a^*\frac{z_{min}-z_2}{z_{min}}$$

以上两式相加得

$$x_1+x_2\geqslant h_a^*\frac{2z_{min}-(z_1+z_2)}{z_{min}}$$

令 $x_1+x_2=0$，上式得

$$z_1+z_2 \geqslant 2z_{min}$$

等移距变位齿轮传动相对于标准齿轮传动的主要优点是：可以获得更紧凑的传动尺寸；相对地提高齿轮传动的强度；改善齿轮传动的磨损情况；由于中心距为标准值，因此可以成对地替换标准齿轮及修复旧齿轮。但是这种传动的互换性差，必须成对地设计、制造和使用；小齿轮正变位受齿顶变尖的限制；重合度略有下降。

2. 正传动（$x_1+x_2>0$）

因正变位可以避免根切，故正传动的两齿轮齿数不受根切条件的限制，即 $z_1+z_2<2z_{min}$。正传动的齿轮机构可以获得比等移距变位齿轮传动更小的尺寸和重量，强度更高，改善了齿面磨损。在实际安装中心距大于标准中心距时，只能用正传动来配凑中心距。

正传动的主要缺点是：必须成对地设计、制造和使用；正变位的齿轮齿顶易变尖，重合度下降较多。

3. 负传动（$x_1+x_2<0$）

因 $x_1+x_2<0$，故两齿轮齿数必须满足 $z_1+z_2>2z_{min}$。与正传动相反，负传动因齿根变薄、齿根高增大、啮合角变小，所以轮齿强度降低，齿根处磨损较为严重，结构不太紧凑。同样必须成对地设计、制造和使用，因此应用较少。但是负传动的重合度有所提高，在实际安装中心距小于标准中心距时，只能用负传动来配凑中心距。

5.1.2 齿轮传动设计步骤

1. 无须限定中心距的设计

当给定的原始资料为：两齿轮的齿数 z_1 和 z_2，模数 m，分度圆压力角（齿形角）α，齿顶高系数 h_a^* 及顶隙系数 c^* 时，设计齿轮传动的步骤如下：

1）选择传动类型：根据两齿轮变位系数之和 x_1+x_2 的值大于零、等于零、小于零的不同情况来选择所需要的齿轮传动类型。

2）选择变位系数。

3）根据无侧隙啮合的要求，按无侧隙啮合方程计算啮合角 α' 及中心距 a'：

$$\text{inv}\alpha'=\frac{2(x_1+x_2)\tan\alpha}{z_1+z_2}+\text{inv}\alpha$$

$$a'=r'_1+r'_2=(r_1+r_2)\frac{\cos\alpha}{\cos\alpha'}=a\left(\frac{\cos\alpha}{\cos\alpha'}\right)$$

4）计算两齿轮各部分的几何尺寸，计算式见表 5-3。

表 5-3 外啮合直齿圆柱齿轮机构的主要计算式

名 称	符号	零传动（$x_\Sigma=0$）		正传动和负传动（$x_\Sigma \neq 0$）
		标准齿轮传动	等变位齿轮传动	
变位系数	x	$x_1=x_2=0$	$x_1=-x_2\neq 0$	$x_1\neq -x_2$
分度圆直径	d	$d=mz$		
啮合角	α'	$\alpha'=\alpha$		$\text{inv}\alpha'=\frac{2x_\Sigma}{z_\Sigma}\tan\alpha+\text{inv}\alpha$ 或 $\cos\alpha'=\frac{a}{a'}\cos\alpha$

（续）

名　称	符号	零传动($x_\Sigma=0$)		正传动和负传动($x_\Sigma\neq 0$)
		标准齿轮传动	等变位齿轮传动	
节圆直径	d'	$d'=d$		$d'=d\dfrac{\cos\alpha}{\cos\alpha'}$
中心距变动系数	y	$y=0$		$y=\dfrac{x_\Sigma}{2}\left(\dfrac{\cos\alpha}{\cos\alpha'}-1\right)$
齿高变动系数	Δy	$\Delta y=0$		$\Delta y=x_\Sigma-y$
齿顶高	h_a	$h_a=h_a^* m$	$h_a=(h_a^*+x)m$	$h_a=(h_a^*+x-\Delta y)m$
齿根高	h_f	$h_f=(h_a^*+c^*)m$	$h_f=(h_a^*+c^*-x)m$	
全齿高	h	$h=(2h_a^*+c^*)m$		$h=(2h_a^*+c^*-\Delta y)m$
齿顶圆直径	d_a	$d_a=d+2h_a$		
齿根圆直径	d_f	$d_f=d-2h_f$		
中心距	a	$a=\dfrac{1}{2}(d_1+d_2)$		$a=\dfrac{1}{2}(d'_1+d'_2)=a+ym$

5）验算齿轮传动的限定条件，见表5-4。

表 5-4　限定条件验算式

限定条件	验　算　式
不根切条件	$x\geqslant h_a^*-\dfrac{z\sin^2\alpha}{2}$
不干涉条件	$\dfrac{\tan\alpha'-z_2(\tan\alpha_{a2}-\tan\alpha')}{z_1}\geqslant\tan\alpha-\dfrac{4(h_a^*-x_1)}{z_1\sin2\alpha}$　（齿轮1） $\dfrac{\tan\alpha'-z_1(\tan\alpha_{a1}-\tan\alpha')}{z_2}\geqslant\tan\alpha-\dfrac{4(h_a^*-x_2)}{z_2\sin2\alpha}$　（齿轮2）
重合度条件	$\dfrac{1}{2\pi}[z_1(\tan\alpha_{a1}-\tan\alpha')+z_2(\tan\alpha'-\tan\alpha_{a2})]\geqslant[\varepsilon_\alpha]$
齿顶厚条件	$d_a\left[\dfrac{1}{z}\left(\dfrac{\pi}{2}+2x\tan\alpha\right)+\mathrm{inv}\alpha-\mathrm{inv}\alpha_a\right]\geqslant[s_a^*]$ $[s_a^*]$为许用齿顶高系数，当硬度大于38HRC时取0.4，其他齿轮可取0.25。

2. 需要限定中心距的设计

当给定的原始资料为：两齿轮的传动比i_{12}，中心距a'，模数m，分度圆压力角α，齿顶高系数h_a^*及顶隙系数c^*时，设计齿轮传动的步骤如下：

（1）选择两轮的齿数z_1和z_2

因为 $i_{12}=z_2/z_1$

所以 $a'=\dfrac{m}{2}(z_1+z_2)\dfrac{\cos\alpha}{\cos\alpha'}=\dfrac{mz_1}{2}(1+i_{12})\dfrac{\cos\alpha}{\cos\alpha'}$

$$故z_1=\frac{2a'\cos\alpha'}{m(1+i_{12})\cos\alpha}\approx\frac{2a'}{m(1+i_{12})}$$

$$z_2=i_{12}z_1$$

注意：齿数应为整数。①如果上式计算结果恰为整数时，则得到零传动的齿轮传动。如若考虑互换性则可采用标准齿轮传动，若不考虑互换性则可采用优点较多的等移距变位齿轮传动；②如果计算结果不是整数，则按计算所得选用一个接近的整数作为齿轮 z_1 的齿数。当接近计算值的整数有两个时，一般选择较小的一个整数，从而可得到正传动。

（2）选择两齿轮制造时所需的变位系数

1）由 $a'=a\cos\alpha/\cos\alpha'$ 求出啮合角 α'。

2）由 $\mathrm{inv}\alpha'=\dfrac{2(x_1+x_2)}{z_1+z_2}\tan\alpha+\mathrm{inv}\alpha$ 求出变位系数和 x_1+x_2。

3）选择两齿轮的变位系数 x_1 和 x_2，其值必须满足 $x\geqslant h_a^*\dfrac{z_{\min}-z}{z_{\min}}$。

（3）计算齿轮各部分的尺寸　计算式见表 5-3。

（4）验算齿轮传动的限定条件　验算式见表 5-4。

5.2　齿轮啮合图的绘制

所谓齿轮啮合图就是将齿轮各部分的几何尺寸按照一定的比例尺在图纸上绘制出轮齿啮合关系的图形。通过齿轮啮合图不但可以直观地表达出一对齿轮的啮合特性及其啮合参数，还可借助图形对齿轮啮合做某些必要的分析。

5.2.1　渐开线的画法

如图 5-1 所示，根据渐开线的形成原理绘制渐开线齿廓，其方法如下：

1）计算齿轮各圆直径 d_b、d、d'、d_f 及 d_a，并画出各个相应的圆。

2）两齿轮连心线与节圆的交点即为节点 P。过节点 P 作基圆的切线，与基圆切于 N 点，则 $\overline{NP}$ 即为理论啮合线段的一段。

3）将线段 $\overline{NP}$ 分成若干等分 P1″、1″2″、2″3″、…。

4）根据渐开线的性质 $\overset{\frown}{NO}=\overline{NP}$，由于弧长不易测量，故可用 $\overline{NO}$ 代替：

$$\overline{NO}=d_b\sin\left(\frac{\overline{NP}180^\circ}{d_b\ \pi}\right)$$

按此弦长在基圆上截取 O 点。

5）将基圆上的弧长 $\overset{\frown}{NO}$ 分成与线段 $\overline{NP}$ 同样的等分点，得到基圆上对应的点 1、2、3、…。

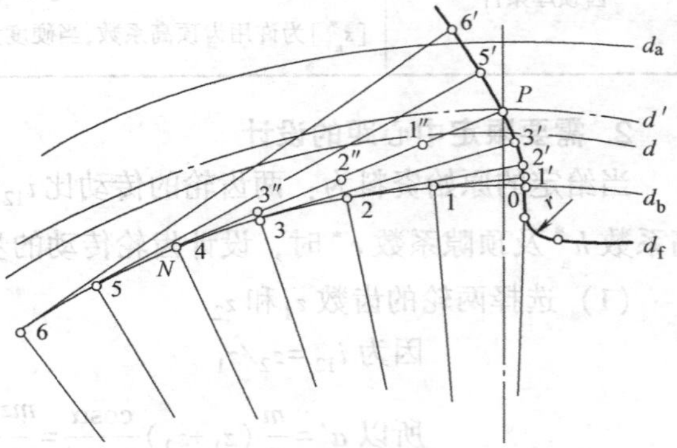

图 5-1　渐开线的绘制

6）过点 1、2、3、…作基圆的切线，并在这些切线上分别截取线段，使其 $\overline{11'}=\overline{1''P}$、$\overline{22'}=\overline{2''P}$、$\overline{33'}=\overline{3''P}$、…，得到点 1′、2′、3′、…。光滑连接 0、1′、2′、3′、…各点的

曲线即为节圆以下部分的渐开线齿廓曲线。

7）将基圆上的等分点向左延伸，作出 5、6、…，取$\overline{55'}=5\times\overline{1''P}$、$\overline{66'}=6\times\overline{1''P}$、…，可得节圆以上渐开线各点 5′、6′、…，直至画到或者略超出齿顶圆为止。

8）当 $d_f<d_b$时，基圆以下一段渐开线取为径向线，在径向线与齿根圆之间以 $r=0.2m$ 为半径画出过渡圆角；当 $d_f>d_b$时，在渐开线与齿根圆之间直接画出过渡圆角。

5.2.2 啮合图的绘制步骤

1）适当选取长度比例尺 μ_l，使图上的齿高达到 30~50mm。确定两齿轮中心 O_1、O_2的位置，如图 5-2 所示（以齿轮 2 为例）。分别以 O_1、O_2为圆心作出基圆、分度圆、节圆、齿根圆、齿顶圆。

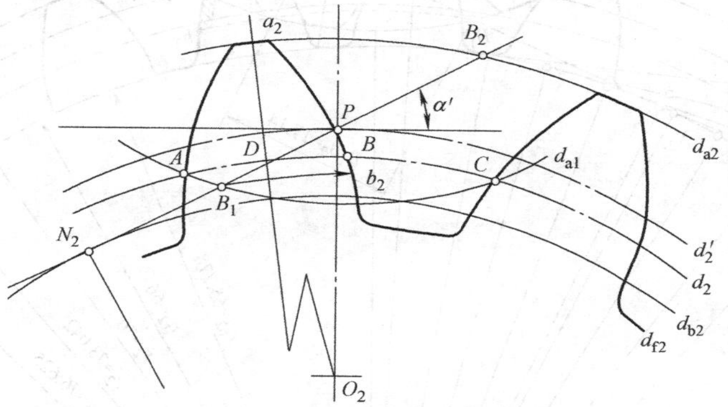

图 5-2 齿轮啮合图绘制

2）画出工作齿廓的节圆内公切线，它与连心线$\overline{O_1O_2}$的交点即为节点 P，该点也是两节圆的切点，内公切线与过点 P 的节圆切线之间的夹角为啮合角 α'，其值应与按无侧隙方程式计算的值相符。

3）过节点 P 分别画出两齿轮在顶圆与根圆之间的齿廓曲线。

4）将已算得的齿厚 s 及齿距 P 转换成弦长$\overline{S}$和$\overline{P}$：

$$\overline{S}=d\sin\left(\frac{s}{d}\frac{180°}{\pi}\right)$$

$$\overline{P}=d\sin\left(\frac{P}{d}\frac{180°}{\pi}\right)$$

分别按照$\overline{S}$和$\overline{P}$的长度在分度圆上截取弦长得到 A 点与 C 点，则$\widehat{AB}=\overline{S}$，$\widehat{AC}=\overline{P}$，如图 5-2 所示。

5）取$\widehat{AB}$中点 D，连接 O_2和 D 两点作为轮齿的对称线。用描图纸描出对称线右半齿形，以此为模板画出对称的左半部分齿廓及其他相邻的 3~4 个轮齿的齿廓。另一齿轮的作法与此相同。

6）作出齿廓工作段，如图 5-3 所示。点 B_2为啮合起始点，点 B_1为啮合终止点，以 O_2为圆心、$\overline{O_2B_1}$为半径作圆弧交齿轮 2 的齿廓于 b_2点，则从 b_2点到齿顶圆上点 a_2一段为齿廓工作段。同理可作出齿轮 1 的齿廓工作段。

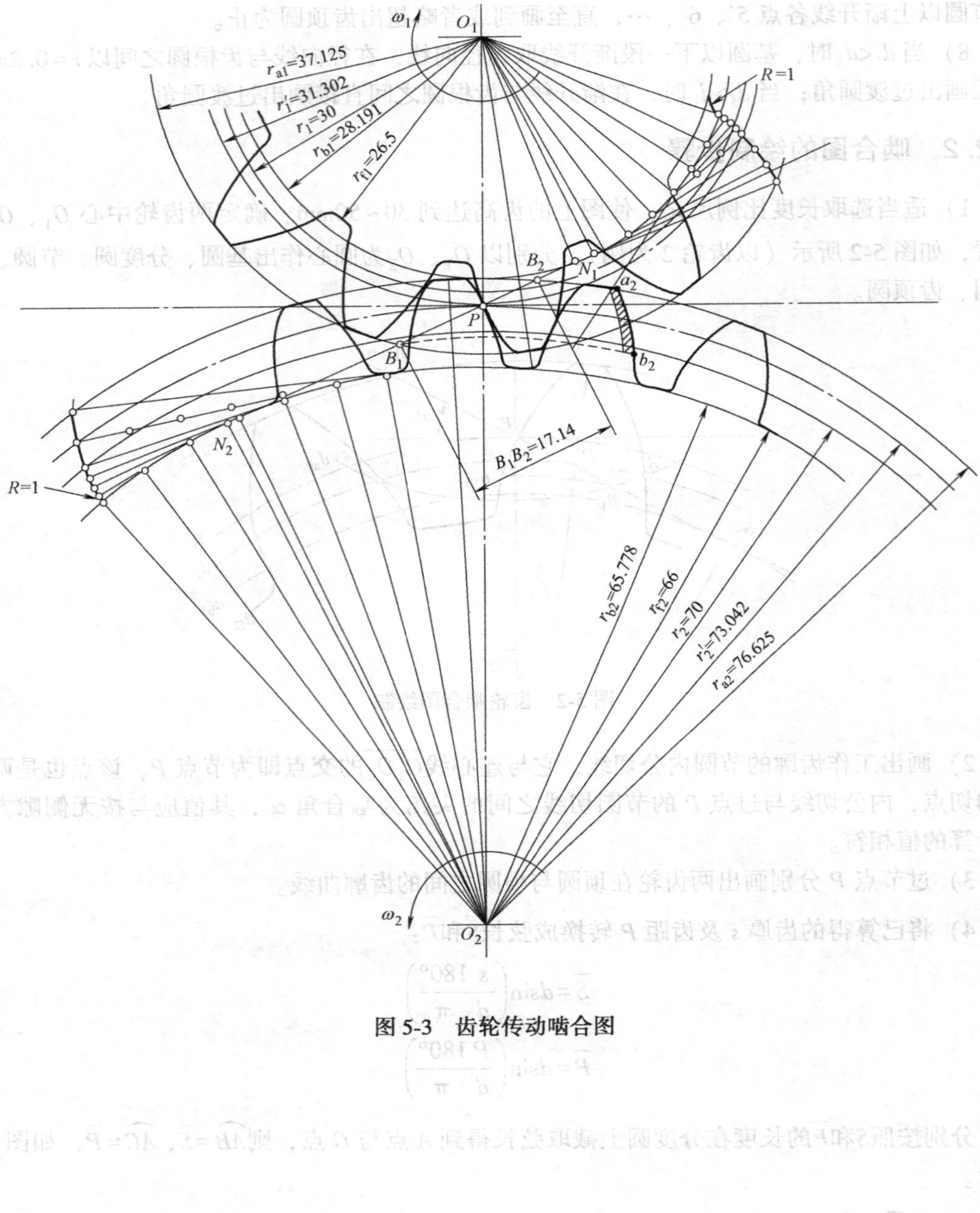

图 5-3　齿轮传动啮合图

第 6 章

机械原理课程设计题目

6.1 牛头刨床

6.1.1 机构介绍与设计数据

1. 机构介绍

牛头刨床是一种主要用于进行机械零件平面切削加工的机床（图 6-1）。电动机经带传动、齿轮传动，最后带动曲柄 2 和固结在其上的凸轮 7。刨床工作时，由导杆机构 2、3、4、5、6 带动刨头 6 和刨刀做往复运动。刨头右行时，刨刀进行切削，此过程称为工作行程；刨头左行时，刨头不进行切削，此过程称为空行程。为了减少电动机功耗，提高切削质量以

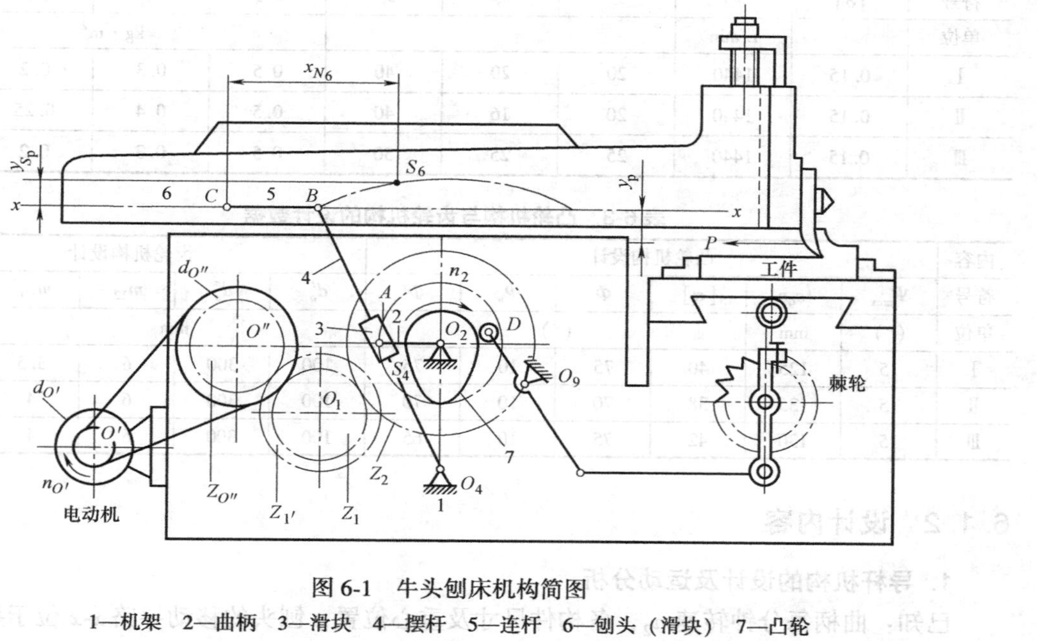

图 6-1　牛头刨床机构简图

1—机架　2—曲柄　3—滑块　4—摆杆　5—连杆　6—刨头（滑块）　7—凸轮

及节省非切削时间，提高生产率，要求刨床在工作行程时速度低而均匀，在空行程时速度应较快。为此，刨床的主体结构采用了具有急回特性的导杆机构，刨刀每切削完一次后，利用空回程的时间，通过棘轮带动螺旋机构（图上未表示出）使工作台连同工件做一次进给，以便刨刀继续切削。刨头在工作行程中，受到很大的切削阻力（在切削的前后各有一段约 0.05H 的空刀距离，如图 6-2 所示）。而在空行程时，则没有切削阻力，故刨头在整个运动循环中受力是不均匀的，这就势必造成主轴运转不均匀。为了减少主轴速率的波动，需要在主轴上安装飞轮以提高切削质量和减小电动机的功率。

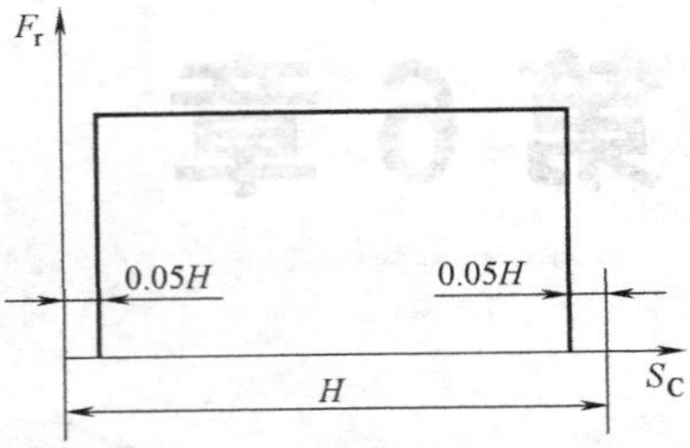

图 6-2　切削阻力曲线图

2. 设计数据

导杆机构的设计数据见表 6-1，飞轮转动惯量的设计数据见表 6-2，凸轮机构与齿轮机构的设计数据见表 6-3。

表 6-1　导杆机构的设计数据

内容	导杆机构的运动分析								导杆机构的动态静力分析				
符号	n_2	$l_{O_2O_4}$	l_{O_2A}	l_{O_4B}	l_{BC}	$l_{O_4S_4}$	x_{S_6}	y_{S_6}	G_4	G_6	P	y_P	J_{S_4}
单位	r/min	mm							N			mm	kg · m²
Ⅰ	60	380	110	540	$0.25l_{O_4B}$	$0.5l_{O_4B}$	240	50	200	700	7000	80	1.1
Ⅱ	64	350	90	580	$0.3l_{O_4B}$	$0.5l_{O_4B}$	200	50	220	800	9000	80	1.2
Ⅲ	72	430	110	810	$0.36l_{O_4B}$	$0.5l_{O_4B}$	180	40	220	620	8000	100	1.2

表 6-2　飞轮转动惯量的设计数据

内容	飞轮转动惯量的确定							
符号	[δ]	$n_{o'}$	z_1	$z_{o''}$	$z_{1'}$	J_{O_2}	J_{O_1}	$J_{O''}$	$J_{O'}$
单位		r/min				kg · m²			
Ⅰ	0.15	1440	20	20	40	0.5	0.3	0.2	0.2
Ⅱ	0.15	1440	20	16	40	0.5	0.4	0.25	0.2
Ⅲ	0.15	1440	25	25	50	0.5	0.3	0.2	0.2

表 6-3　凸轮机构与齿轮机构的设计数据

内容	凸轮机构设计						齿轮机构设计				
符号	Ψ_{max}	l_{O_9D}	[α]	Φ	Φ_s	Φ'	d'_o	d''_o	m_{12}	$m_{o''1'}$	α
单位	(°)	mm	(°)				mm				(°)
Ⅰ	15	125	40	75	10	75	100	300	6	3.5	20
Ⅱ	15	135	38	70	10	70	100	300	6	4	20
Ⅲ	15	130	42	75	10	65	100	300	6	4	20

6.1.2　设计内容

1. 导杆机构的设计及运动分析

已知：曲柄每分钟转速 n_2，各构件尺寸及重心位置，刨头的移动导路 x-x 位于导杆端点

B 所做圆弧高度的平分线上（图 6-3）。

要求：作机构的运动简图，两个机构位置的速度和加速度多边形以及刨头的运动线图。以上内容连同后面的动态静力分析一起画在 1 号图纸上。整理设计说明书。

步骤：

（1）作机构的运动简图　选取长度比例尺 $\mu_L \frac{\mathrm{m}}{\mathrm{mm}}$，按表 6-4 和图 6-3 所分配的位置画图，其中之一需要用粗实线画。曲柄位置图的做法为（图 6-3）取 1 和 8′为工作行程起点和终点所对应的曲柄位置，而 1′和 7′为切削起点和终点所对应的曲柄位置，其余 2、3，…，12 是由位置 1 起沿 ω_2 方向将曲柄圆周作 12 等分的位置。

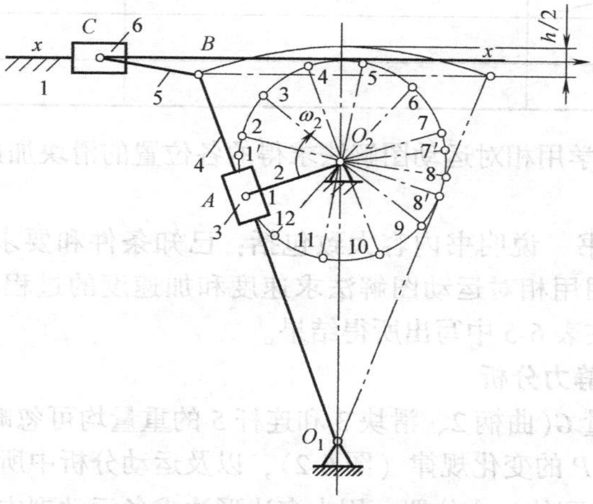

图 6-3　曲柄位置图

表 6-4　机构位置分配表

学生编号	1	2	3	4	5	6	7	8	9	10	11	12	13	14
位置编号	1	2	3	4	5	6	7	8	9	10	11	12	1	2
	7	8	6	8′	1	2	11	3	1′	1′	7′	4	7′	8

学生编号	15	16	17	18	19	20	21	22	23	24	25	26	27	28	29	30
位置编号	3	4	5	6	7	8	9	10	11	12	1	2	3	4	5	6
	9	10	12	1	12	5	2	7	3	8	6	5	5	9	10	11

（2）做速度和加速度多边形　选取速度和加速度比例尺 $\mu_v\left(\frac{\mathrm{m/s}}{\mathrm{mm}}\right)$ 和 $\mu_a\left(\frac{\mathrm{m/s^2}}{\mathrm{mm}}\right)$，用相对运动图解法作出给定两个位置的速度和加速度多边形，其中导杆 4 和刨头 6 的重心加速度用影像法原理在图上示出，将所得结果填入表 6-5。

表 6-5　速度和加速度结果

项　目 位　置	$a_{s_4}/\mathrm{ms^{-2}}$	$a_{s_4}/\mathrm{ms^{-2}}$	$\omega_4/\mathrm{s^{-1}}$	$\alpha_4/\mathrm{s^{-2}}$

（3）作滑块 6 的运动线图

1）按图 6-3 所示的曲柄各位置求出 C 点的相应位置。以 C 点在工作行程起点为起始位置，量出相应位移，选取位移比例尺 $\mu_s\left(\frac{\text{m}}{\text{mm}}\right)$ 及时间比例尺 $\mu_t\left(\frac{\text{s}}{\text{mm}}\right)$，作 C 点的位移 $S_C(t)$ 曲线。

2）根据 $S_C(t)$ 曲线，选取极距 $K(\text{mm})$，用图解微分法求得 C 点的速度 $v_C(t)$ 曲线，将所作速度多边形中 C 点的速度与图解微分法所得的对应数值填入表 6-6。

表 6-6　速度多边形与图解微分法对应数值

位置 / v_c/ms^{-1}		
速度多边形		
图解微分法		

3）汇集同组其他同学用相对运动图解法求得的各位置的滑块加速度 a_c，作加速度$a_c(t)$线图。

（4）整理计算说明书　说明书内容大致包括：已知条件和要求；各种比例尺的计算，以一个机构位置为例说明用相对运动图解法求速度和加速度的过程；列出相对运动矢量方程，另一机构位置可只在表 6-5 中写出所得结果。

2. 导杆机构的动态静力分析

已知：各构件的重量 G(曲柄 2、滑块 3 和连杆 5 的重量均可忽略不计)，导杆 4 绕重心的转动惯量 J_{S_4}与切削力 P 的变化规律（图 6-2)，以及运动分析中所得结果。

要求：按表 6-4 所分配的一个位置，用力多边形法求各运动副中反作用力及曲柄上所需的平衡力矩。以上内容绘制在运动分析的同一张图纸上，整理计算说明书。

步骤：

1）在机构图上作出切削阻力曲线。

2）按指定的一个位置，计算导杆与刨头的惯性力和惯性力偶矩并将导杆 4 的惯性力和惯性力偶矩合成为一总惯性力。

3）将机构分解成杆组，画出杆组的示力体图，并在图上标出切削阻力、重力及惯性力等。

4）选取力比例尺 $\mu_P\left(\frac{\text{N}}{\text{mm}}\right)$，用力多边形法图解各运动副中的反力（曲柄轴所受轴承反力 N_{O_2}省略不求。因 N_{O_2}需要根据 N_{32}在齿轮 1 对齿轮 2 的作用力 N_{12}与飞轮重量等确定后方能求得）及曲柄上的平衡力矩。

注意：在切削的起始和终止的位置 1″和 7″，由于切削阻力的突变，需要求出两个力多边形与两个平衡力矩。

5）整理计算说明书。说明书内容大致包括：已知条件和要求；比例尺的计算，以一个机构位置为例说明动态静力分析过程，写出所有计算式和矢量平衡方程式，另一个位置只要列表说明其计算结果即可。

3. 飞轮设计

已知：机器运转的速度不均匀系数的许用值［δ］，由动态静力分析所得的平衡力矩

M_d，驱动力矩M_{vd}为常数，具有定传动比的各构件的转动惯量J_c，电动机、曲柄的每分钟转速$n_{o'}$、n_2及某些齿轮的齿数Z（参见表6-2）。

要求：用惯性力法确定安装在轴O_2上的飞轮转动惯量J_F，以上内容绘制在2号图纸上并整理计算说明书。

步骤：

1）选取力矩比例尺$\mu_M\left(\frac{N \cdot m}{mm}\right)$与曲柄转角比例尺$\mu_\varphi\left(\frac{rad}{mm}\right)$，作动态等功阻力矩$M_{vr}(\varphi)$曲线（因$M_{vr}=-M_d$，故可利用$M_d$的数值来作图。）。

2）选取极距K(mm)，对$M_{vr}(\varphi)$曲线进行图解积分，可得动态阻力功$M_{vr}(\varphi)$曲线。

3）根据机器在一个循环中能量的变化为零及已知驱动力矩为常数的条件，做出驱动功$M_{vd}(\varphi)$曲线。

4）作动态剩余功$M_{vd}(\varphi)-M_{vr}(\varphi)$曲线。

5）从动态剩余功曲线中量出其纵坐标最高点至最低点的距离，可得最大动态剩余功[W]。

6）按公式$J_F \approx \frac{900\,[W]}{\pi^2 n^2\,[\delta]}-J_c$计算飞轮转动惯量$J_F$。

7）整理计算说明书。说明书内容大致包括：已知条件和要求；各线图比例尺的选取和运算；等效转动惯量J_c与飞轮转动惯量J_F的计算等。

4. 凸轮机构的设计

已知：摆杆9的运动规律为等加速等减速，其推程运动角Φ、远休止角Φ_s、回程角Φ'（图6-4），摆杆长l_{O_9D}，最大摆角Ψ_{max}，许用压力角[α]（见表6-3），凸轮与曲柄共轴。

要求：确定凸轮的基本尺寸，选取滚子半径，画出凸轮实际廓线，以上内容绘制在2号图纸上并整理计算说明书。

步骤：

1）选取从动杆位移比例尺$\mu_\Psi\left(\frac{rad}{mm}\right)$和凸轮转角比例尺$\mu_\varphi\left(\frac{rad}{mm}\right)$，作$\Psi(\varphi)$曲线。

2）取类加速度比例尺，作$\frac{d\Psi}{d\varphi}(\varphi)$及$\Psi(\varphi)$曲线。

3）根据许用压力角[α]确定基圆半径。

4）用反转法作凸轮的理论轮廓曲线。

5）作凸轮的实际轮廓曲线。

6）整理计算说明书。说明书内容大致包括：已知条件和要求；比例尺的计算；各图线的作法；滚子半径r_T的选择。

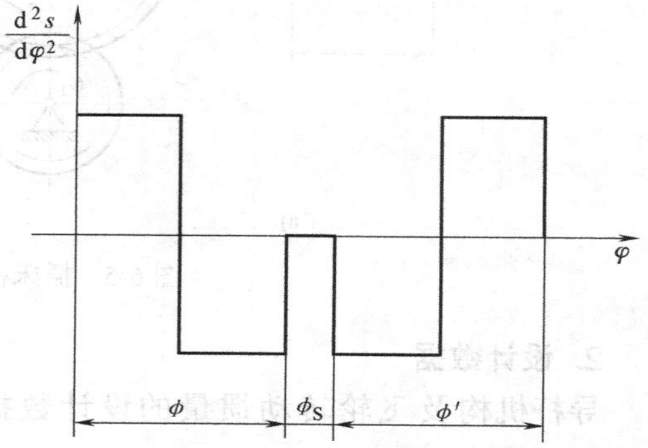

图6-4 摆杆加速度线图

5. 齿轮机构的设计

已知：电动机、曲柄的转速$n_{o'}$、n_2，带轮直径d'_o、d''_o，某些齿轮的齿数z，模数m，分度圆压力角α，正常齿制的标准齿轮传动。

要求：计算齿轮2的齿数z_2，及齿轮1、齿轮2构成传动机构的各部分尺寸，用2号图纸绘制齿轮传动的啮合图并整理计算说明书。

步骤：

1）计算该对齿轮传动的各部分尺寸，建议列表进行。

2）绘制齿轮传动的啮合图，长度比例尺的选取应能使图上全齿高达到30~50mm，绘制齿廓时对于根圆小于基圆的齿轮，其轮齿的非渐开线齿廓用径向线画出，径向线与齿根圆相接处用半径为0.2m(模数）的圆弧连接。要求每个齿轮画出三个完整的轮齿，其位置要使两齿轮轮齿在啮合线上有两对齿同时啮合。在啮合图上应标示理论啮合线、实际啮合线、工作齿廓等并注上各部分的尺寸和符号。

3）整理计算说明书。说明书内容大致包括：已知条件和要求；齿轮各部分尺寸的计算；根据从啮合图上量得的尺寸来验算重合度和两齿轮齿顶厚度。

6.2 插床

6.2.1 机构介绍与设计数据

1. 机构介绍

插床是用于工件内表面切削加工的机床，主要由齿轮机构、导杆机构、凸轮机构等组成，如图6-5a所示。电动机通过减速装置（图中只画出齿轮z_1、z_2）使曲柄1转动，再通过导杆机构1、2、3、4、5、6，使装有刀具的滑块沿导路y-y作往复运动（为了提高生产效率，要求刀具具有急回运动），插床借此运动完成切削作业。刀具与工件之间的进给运动是依靠固结于轴O_2上的凸轮驱动摆杆从动件和其他有关进给机构（图上未画出）来完成的。

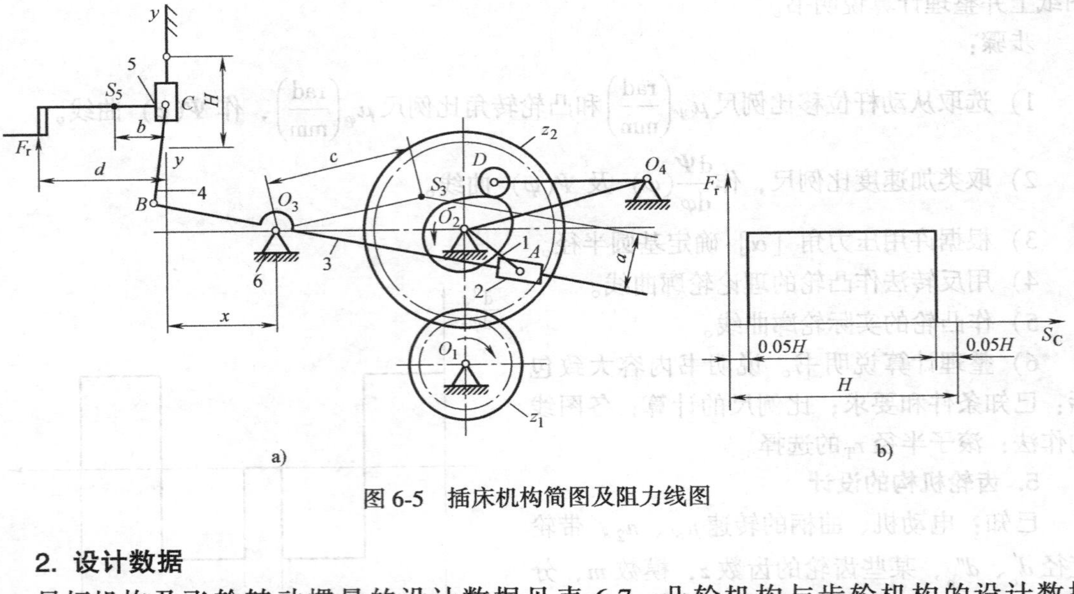

图6-5 插床机构简图及阻力线图

2. 设计数据

导杆机构及飞轮转动惯量的设计数据见表6-7，凸轮机构与齿轮机构的设计数据见表6-8。

表 6-7 导杆机构及飞轮转动惯量的设计数据

内容	导杆机构设计及运动分析								导杆机构的动态静力分析及飞轮转动惯量的确定					
符号	n_1	K	H	l_{BC}/l_{O_3B}	$l_{O_2O_3}$	a	b	c	J_{S_3}	G_3	G_5	F_r	d	$[\delta]$
单位	r/min		mm			mm			kg · m²		N		mm	
数据	60	2	100	1	150	50	50	125	0.14	160	320	1000	120	1/25

表 6-8 凸轮机构与齿轮机构的设计数据

内容	凸轮机构的设计							齿轮机构的设计			
符号	Ψ_{max}	$[\alpha]$	Φ	Φ_s	Φ'	l_{O_4D}	运动规律	z_1	z_2	m	α
单位		(°)				mm				mm	(°)
数据	15	40	60	10	60	125	等加速等减速	20	40	8	20

6.2.2 设计内容

1. 导杆机构的设计及运动分析

已知：行程速度变化系数 K，滑块 5 的行程 H，中心距 $l_{O_2O_3}$，比值 l_{BC}/l_{O_3B}，各构件重心 S 的位置，曲柄每分钟转速 n_1。

要求：设计导杆机构，绘制机构的运动简图；作机构两个位置的速度和加速度多边形以及滑块的运动线图。以上内容连同后面的动态静力分析一起画在 1 号图纸上，整理设计说明书。

步骤：

1）按已知条件确定导杆机构的各位置参数，其中滑块 5 的导路 y-y 的位置可根据连杆 4 传力给滑块 5 的最有利条件来确定，即导路 y-y 应通过 B 点所在圆弧的中点（即平均高度处）。

2）作机构的运动简图：选取长度比例尺 $\mu_L\left(\frac{\text{m}}{\text{mm}}\right)$，按表6-9和图 6-6 所分配的位置，其中之一需要用粗实线画。作图时曲柄的作法（图 6-6）为：取滑块在下极限位置所对应的曲柄位置作为起始位置 1，然后按曲柄转向，将曲柄圆周分成 12 等分，得到 12 个位置，另外还需画出滑块在下极限时及开始切削和终止切削时所对应的三个位置 9、1′和 8′。

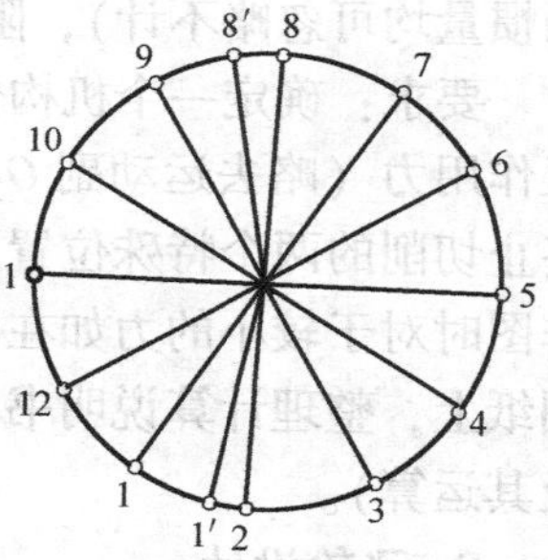

图 6-6 曲柄位置图

表 6-9 机构位置分配表

学生编号	1	2	3	4	5	6	7	8	9	10	11	12	13	14
位置编号	1 2	1′ 3	2 4	3 5	4 6	5 7	6′ 8	7 8′	8 9	8′ 10	9 11	10 12	11 1	12 1′

3）作速度和加速度多边形　选取速度和加速度比例尺 $\mu_v\left(\frac{\text{m/s}}{\text{mm}}\right)$ 和 $\mu_a\left(\frac{\text{m/s}^2}{\text{mm}}\right)$，用相对运动图解法作出给定两个位置的速度和加速度多边形，并将所得结果填入表 6-10。

表 6-10

项目 位置	ω_1 /s^{-1}	v_B /ms^{-1}	v_{CB} /ms^{-1}	v_C /ms^{-1}	v_{FE} /ms^{-1}	v_F /ms^{-1}	a_B /ms^{-2}	a_C^n /ms^{-2}	a_{FE}^n /ms^{-2}	a_F /ms^{-2}	a_{S_2} /ms^{-2}	a_{S_3} /ms^{-2}	a_{CB}^t /ms^{-2}	a_{CB}^n /ms^{-2}	a_C^t /ms^{-2}	α_2 /s^{-2}	α_3 /s^{-2}

4）作滑块的运动线图

① 根据机构的各个位置，找出滑块上 C 点的各对应位置，以位置 1（C_1点）为起始点，量取滑块的相应位移，选取位移比例尺 $\mu_s\left(\frac{\mathrm{m}}{\mathrm{mm}}\right)$ 及时间比例尺 $\mu_t\left(\frac{\mathrm{s}}{\mathrm{mm}}\right)$，作 F 点的位移 $S_F(t)$ 曲线。为了能直接从机构运动简图上量取滑块位移，建议取 $\mu_s=\mu_1$，再根据 $S_F(t)$ 线图用图解弦线微分法，作滑块的速度 $v_F(t)$ 线图，并将其结果与速度多边形所得结果进行比较。

② 汇集同组其他同学用相对运动图解法求得的各位置的滑块加速度 a_F，绘制加速度 $a_F(t)$线图。

5）整理计算说明书　说明书内容大致包括：已知条件和要求；连杆机构的设计简述；以一个机构位置为例说明用相对运动图解法求速度和加速度的过程，另一个位置只需记录其结果；图解弦线微分法比例尺的选取和计算等。

2. 导杆机构的动态静力分析

已知：各构件的重量 G 及其对重心的转动惯量 J_S（曲柄 1、滑块 2 和连杆 4 的重量及转动惯量均可忽略不计），阻力线图（图 6-5b），以及运动分析中所得结果。

要求：确定一个机构位置（按表 6-9 所分配的一个位置），用力多边形法求各运动副中反作用力（略去运动副 O_2中的反作用力 N_{61}）及曲柄上所需的平衡力矩。对于开始切削和终止切削的两个特殊位置，其阻力值有两个（其中一个为零），应分别进行两次图解计算。作图时对于较小的力如在图纸上无法表示时则可忽略不画。以上内容作在运动分析的同一张图纸上，整理计算说明书（包括：已知条件，比例尺的选取，所求各力、力矩的矢量方程及其运算）。

3. 飞轮设计

已知：机器运转的速度不均匀系数的许用值［δ］，飞轮安装在曲柄轴上，驱动力矩 M_{vd} 为常数，由动态静力分析所得的平衡力矩 M_{d}。

要求：用惯性力法确定飞轮转动惯量 J_F，此内容作在 2 号图纸上并整理计算说明书。

步骤：

1）列表汇集其他同学在动态静力分析中求得的整个运动循环中各位置的平衡力矩 M_{d}，选取力矩比例尺 $\mu_M\left(\frac{\mathrm{N\cdot m}}{\mathrm{mm}}\right)$ 与曲柄转角比例尺 $\mu_\varphi(\frac{\mathrm{rad}}{\mathrm{mm}})$ 作动态等功阻力矩 $M_{vr}(\varphi)$ 曲线（因 $M_{vr}=-M_{\mathrm{d}}$，故可利用 M_{d}的数值来作图）。

2）选取极距 $K(\mathrm{mm})$，对 $M_{vr}(\varphi)$ 曲线进行图解积分，可得动态阻力功 $M_{vr}(\varphi)$ 曲线。

3）根据机器在一个循环中能量的变化为零及已知驱动力矩为常数的条件，作出驱动功 $M_{vd}(\varphi)$ 曲线。

4）作动态剩余功 $M_{vd}(\varphi)-M_{vr}(\varphi)$ 曲线。

5）从动态剩余功曲线中量出其纵坐标最高点至最低点的距离，可得最大动态剩余功［W］。

6）按公式 $J_F \approx \frac{900\ [W]}{\pi^2 n^2 [\delta]} - J_c$ 计算飞轮转动惯量 J_F。

7）整理计算说明书。说明书内容大致包括：已知条件和要求；各线图比例尺的选用和运算；飞轮转动惯量 J_F 的计算等。

4. 凸轮机构的设计

已知：从动件的运动规律为等加速等减速，其推程运动角 Φ、远休止角 Φ_s、回程角 Φ'，凸轮与曲柄共轴（图 6-5a），摆杆长 l_{O_4D}，最大摆角 Ψ_{max}，许用压力角［α］（见表 6-3）。

要求：确定凸轮的基本尺寸，选取滚子半径，画出凸轮实际轮廓曲线，以上内容绘制在 2 号图纸上并整理计算说明书。

步骤：

1）选取从动杆位移比例尺 $\mu_\Psi\left(\frac{\text{rad}}{\text{mm}}\right)$ 和凸轮转角比例尺 $\mu_\varphi\left(\frac{\text{rad}}{\text{mm}}\right)$，作 $\Psi(\varphi)$ 曲线。

2）根据从动件的运动规律计算推程和回程的 $\frac{d\Psi}{d\varphi}$ 最大值，然后利用图解法绘制 $\frac{d\Psi}{d\varphi}(\varphi)$ 及 $\Psi(\varphi)$ 曲线。

3）根据许用压力角［α］确定基圆半径，求凸轮回转中心 O_2 至从动杆摆动中心 O_4 的距离 l_{O_2O4}。

4）用反转法作凸轮的理论轮廓曲线。

5）作凸轮的实际轮廓曲线。

6）整理计算说明书。说明书内容大致包括：已知条件和要求；比例尺的计算；各图线的作法；滚子半径 r_T 的确定等。

5. 齿轮机构的设计

已知：齿轮的齿数 z_1、z_2，模数 m，分度圆压力角 α，标准齿轮传动，齿轮 2 与曲柄共轴。

要求：计算该对齿轮传动的各部分尺寸，用 2 号图纸绘制齿轮传动的啮合图并整理计算说明书。

步骤：

1）计算该对齿轮传动的各部分尺寸，建议列表进行。

2）绘制齿轮传动的啮合图，长度比例尺的选取应能使图上全齿高达到 30~50mm，绘制齿廓时对于齿根圆小于基圆的齿轮，其轮齿的非渐开线齿廓用径向线画出，径向线与齿根圆相接处用半径为 $0.2m$（模数）的圆弧连接。要求每个齿轮画出三个完整的轮齿，其位置要使两轮轮齿在啮合线上有两对齿同时啮合。在啮合图上应标示理论啮合线、实际啮合线、工作齿廓等，并注上各部分的尺寸和符号。

3）整理计算说明书。说明书内容大致包括：已知条件和要求；齿轮各部分尺寸的计算；根据从啮合图上量得的尺寸来验算重合度和两齿轮齿顶厚度。

6.3 压力机

6.3.1 机构介绍与设计数据

1. 机构介绍

压力机的主体机构是由六杆（*ABCDEF*）组成的连杆机构，如图 6-7 所示。电动机经联轴器带动由齿轮 z_1-z_2、z_3-z_4、z_5-z_6所组成的减速器使转速降低，并通过减速器带动连杆机构中的曲柄 1 转动，从而使连杆机构中的滑块 5 克服阻力 F_r运动。为了减小主轴的速度波动，在曲柄轴 *A* 上装有飞轮。在曲柄轴的另一端装有供润滑连杆机构各运动副用的液压泵。

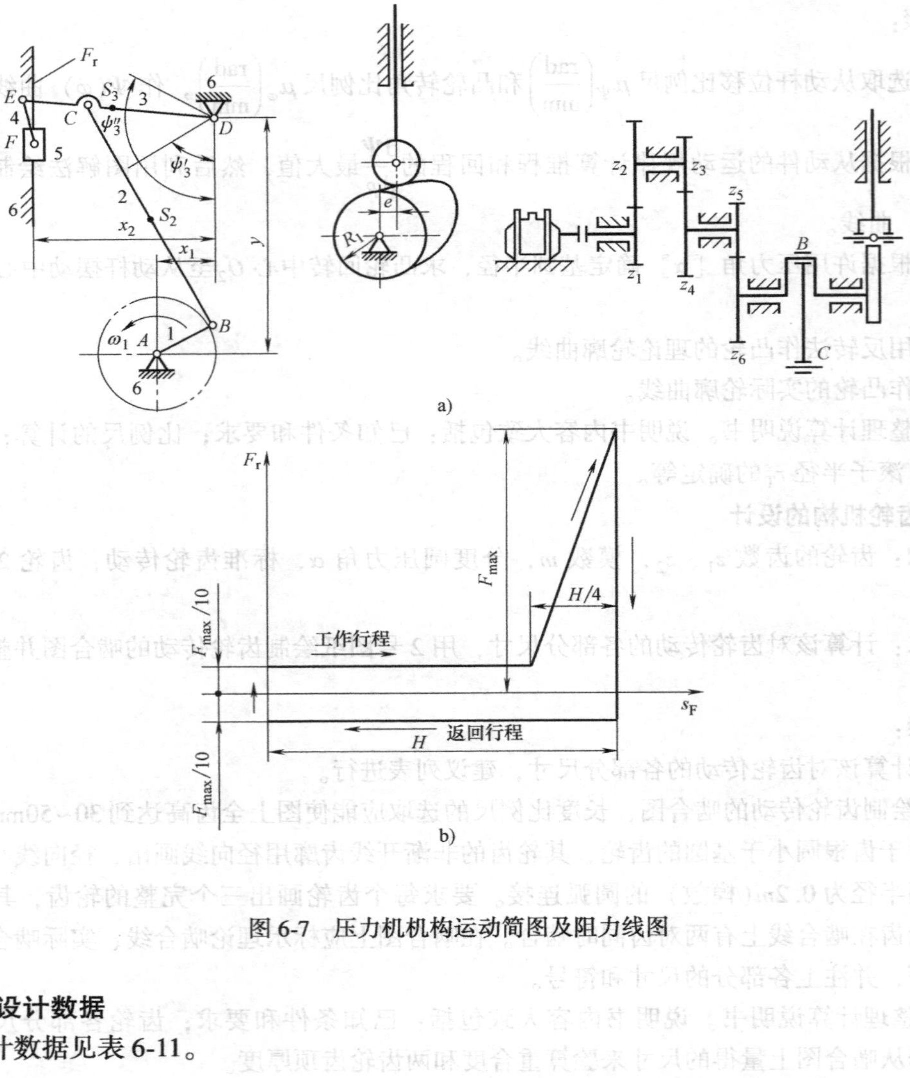

图 6-7　压力机机构运动简图及阻力线图

2. 设计数据

设计数据见表 6-11。

表 6-11 设计数据

内容	连杆机构的设计及运动分析										
符号	x_1	x_2	Y	Ψ'_3	Ψ''_3	H	CE/CD	EF/DE	n_1	BS_2/BC	DS_3/DE
单位	mm			(°)		mm			r/min		
Ⅰ	50	140	220	60	120	150	1/2	1/4	100	1/2	1/2
Ⅱ	60	170	260	60	120	180	1/2	1/4	90	1/2	1/2
Ⅲ	70	200	310	60	120	210	1/2	1/4	90	1/2	1/2

内容	凸轮机构的设计						齿轮机构的设计				连杆机构的动态静力分析及确定 J_F						
符号	H	$[\alpha]$	Φ	Φ_s	Φ'	从动杆加速度规律	z_5	z_6	α	m	G_2	G_3	G_5	J_{S_2}	J_{S_3}	F_r	$[\delta]$
单位	mm	(°)							(°)	mm	N			kg · m²		N	
Ⅰ	17	30	30	25	85	余弦	20	38	20	5	660	440	300	0.28	0.085	4000	1/30
Ⅱ	18	30	35	30	80	等加速等减速	20	35	20	6	1000	720	550	0.64	0.2	7000	1/30
Ⅲ	19	30	60	35	75	正弦	20	32	20	6	1600	1000	840	1.35	0.39	11000	1/30

6.3.2 设计内容

1. 连杆机构的设计及运动分析

已知：中心距 x_1、x_2、y，构件 3 的下极限角 Ψ'_3 和上极限角 Ψ''_3，滑块的行程 H，比值 CE/CD、EF/DE，各构件重心 S 的位置，曲柄转速 n_1。

要求：设计连杆机构并绘制机构的运动简图；作机构两个位置的速度和加速度多边形以及滑块的运动线图。以上内容连同后面的动态静力分析一起绘制在 1 号图纸上，整理设计说明书。

步骤：

1）连杆机构的设计：按已知条件确定连杆机构的各构件尺寸（注意：摇杆 3 的两极限位置恰好对称于过 D 点所作行程 H 的垂线）。

2）作机构位置图：选取长度比例尺 $\mu_L\left(\frac{\text{m}}{\text{mm}}\right)$，按表 6-12 和图 6-8 所分配的位置，其中之一需要用粗实线画。作图时曲柄的作法（如图 6-8）为：取滑块在下极限位置时所对应的曲柄位置为起始位置 1，然后按曲柄转向，将曲柄圆周分成 12 等分，得到 12 个位置，另外还需绘制出滑块在上极限时和距下极限为 $H/4$ 时的两个位置 6′和 10′。

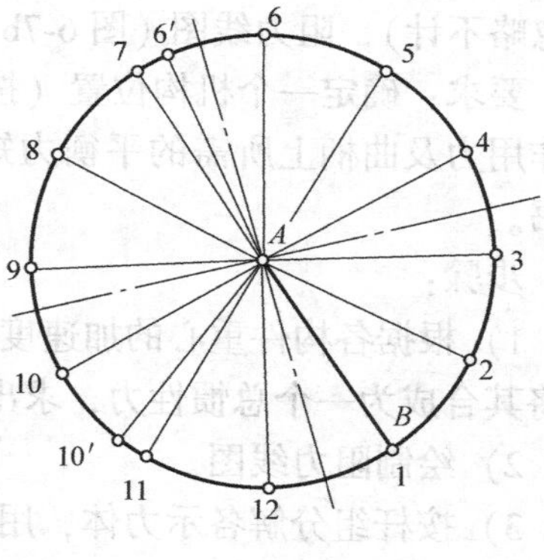

图 6-8 曲柄位置图

表 6-12 机构位置分配表

学生编号	1	2	3	4	5	6	7	8	9	10	11	12	13	14
位置编号	1 10	2 10	3 11	4 12	5 1	6 2	6′ 3	7 4	8 5	9 6	10 6′	10′ 7	11 8	12 9

3）作速度和加速度多边形　选取速度和加速度比例尺$\mu_v\left(\frac{\mathrm{m/s}}{\mathrm{mm}}\right)$和$\mu_a\left(\frac{\mathrm{m/s^2}}{\mathrm{mm}}\right)$，用相对运动图解法作出给定两个位置的速度和加速度多边形，并将所得结果填入表6-13。

表 6-13　结果记录

项目 位置	ω_1 /s^{-1}	v_B /ms^{-1}	v_{CB} /ms^{-1}	v_C /ms^{-1}	v_{FE} /ms^{-1}	v_F /ms^{-2}	a_B /ms^{-2}	a_C^n /ms^{-2}	a_{FE}^n /ms^{-2}	a_F /ms^{-2}	a_{S_2} /ms^{-2}	a_{S_3} /ms^{-2}	a_{CB}^t /ms^{-2}	a_{CB}^n /ms^{-2}	a_C^t /ms^{-2}	α_2 /s^{-2}	α_3 /s^{-2}

4）作滑块的运动线图

① 根据机构的各个位置，找出滑块上F点的各对应位置，以位置1（F_1点）为起始点，量取滑块的相应位移，选取位移比例尺$\mu_s\left(\frac{\mathrm{m}}{\mathrm{mm}}\right)$及时间比例尺$\mu_t\left(\frac{\mathrm{s}}{\mathrm{mm}}\right)$，作$F$点的位移$S_F(t)$曲线。为了能直接从机构运动简图上量取滑块位移，建议取$\mu_s=\mu_L$，再根据$S_F(t)$线图用图解弦线微分法，作滑块的速度$v_F(t)$线图，并将其结果与速度多边形所得结果进行比较。

② 汇集同组其他同学用相对运动图解法求得的各位置的滑块加速度a_F，绘制加速度$a_F(t)$线图。

5）整理计算说明书　说明书内容大致包括：已知条件和要求；连杆机构的设计简述；以一个机构位置为例说明用相对运动图解法求速度和加速度的过程，另一个位置只需列出其结果；图解弦线微分法比例尺的选取和计算等。

2. 连杆机构的动态静力分析

已知：各构件的重量G及其对重心的转动惯量J_S（曲柄1、连杆4的重量及转动惯量均可忽略不计），阻力线图（图6-7b），以及运动分析中所得结果。

要求：确定一个机构位置（按表6-12所分配的一个位置），用力多边形法求各运动副中反作用力及曲柄上所需的平衡力矩，这部分内容也绘制在运动分析的1号图纸中，整理说明书。

步骤：

1）根据各构件重心的加速度及各构件的角加速度确定各构件的惯性力及惯性力偶矩，并将其合成为一个总惯性力，求出该力至重心的距离。

2）绘制阻力线图。

3）按杆组分解各示力体，用力多边形法决定各运动副中的反作用力（运动副A中的反作用力N_{61}略去不求）和加于曲柄上的平衡力矩。注意阻力F_r始终与滑块的运动方向相反。滑块在上下两极限位置时，其阻力值有两个，应分别进行两次图解计算，作图时对于较小的力如在图纸上无法表示时可忽略不画。

4）整理计算说明书。内容包括：已知条件与要求；比例尺的选取；所求各力、力矩的矢量方程及其运算。

3. 飞轮设计

已知：机器运转的速度不均匀系数的许用值［δ］，飞轮安装在曲柄轴上，驱动力矩M_{vd}为常数，由动态静力分析所得的平衡力矩M_{d}。

要求：用惯性力法确定飞轮转动惯量 J_F，此内容绘制在2号图纸上并整理计算说明书。

步骤：

1）列表汇集其他同学在动态静力分析中求得的整个运动循环中各位置的平衡力矩 M_d，选取力矩比例尺 $\mu_M\left(\frac{N\cdot m}{mm}\right)$ 与曲柄转角比例尺 $\mu_\varphi\left(\frac{rad}{mm}\right)$，作动态等功阻力矩 $M_{vr}(\varphi)$ 曲线（因 $M_{vr}=-M_d$，故可利用 M_d 的数值来作图）。

2）选取极距 $K(mm)$，对 $M_{vr}(\varphi)$ 曲线进行图解积分，可得动态阻力功 $M_{vr}(\varphi)$ 曲线。

3）根据机器在一个循环中能量的变化为零及已知驱动力矩为常数的条件，作出驱动功 $M_{vd}(\varphi)$ 曲线。

4）作动态剩余功 $M_{vd}(\varphi)-M_{vr}(\varphi)$ 曲线。

5）从动态剩余功曲线中量出其纵坐标最高点至最低点的距离，可得最大动态剩余功 $[W]$。

6）按公式 $J_F\approx\frac{900[W]}{\pi^2n^2[\delta]}-J_c$ 计算飞轮转动惯量 J_F。

7）整理计算说明书。说明书内容大致包括：已知条件和要求；各线图比例尺的选用和运算；飞轮转动惯量 J_F 的计算等。

4. 凸轮机构的设计

已知：从动件的行程 h，许用压力角 $[\alpha]$，推程运动角 Φ、远休止角 Φ_s、回程角 Φ'，从动件运动规律，凸轮与曲柄共轴。

要求：确定凸轮的基本尺寸，选取滚子半径，画出凸轮实际轮廓曲线，以上内容绘制在2号图纸上并整理计算说明书。

步骤：

1）根据给定的从动件运动规律分别计算推程和回程中 $ds/d\varphi$ 的最大值，然后绘制出 $ds/d\varphi(\varphi)$ 及 $s(\varphi)$ 运动线图，$d^2s/d\varphi^2(\varphi)$ 线图可略去不画。为便于绘制确定基圆半径的 $ds/d\varphi(\varphi)$ 线图，建议将 $ds/d\varphi(\varphi)$ 及 $s(\varphi)$ 两线图的比例尺取成一样。

2）按许用压力角 $[\alpha]$ 作 $ds/d\varphi(\varphi)$ 线图的两切线，求得基圆半径 r_0 和偏距 e。

3）根据凸轮转向和求得的 r_0、e 绘制凸轮的理论轮廓曲线，并选取滚子半径，画凸轮的实际轮廓曲线。

4）整理计算说明书。说明书内容大致包括：已知条件和要求；比例尺的计算；各图线的作法；滚子半径 r_T 的确定等。

5. 齿轮机构的设计

已知：齿轮的齿数 z_1、z_2，模数 m，分度圆压力角 α，正常齿制的标准齿轮传动，齿轮6与曲柄共轴。

要求：计算该对齿轮传动的各部分尺寸，用2号图纸绘制齿轮传动的啮合图并整理计算说明书。

步骤：

1）计算该对齿轮传动的各部分尺寸，建议列表进行。

2）绘制齿轮传动的啮合图，长度比例尺的选取应能使图上全齿高达到30~50mm，绘制齿廓时对于齿根圆小于基圆的齿轮，其轮齿的非渐开线齿廓用径向线画出，径向线与齿根圆相接处用半径为0.2*m*(模数）的圆弧连接。要求每个齿轮画出三个完整的轮齿，其位置要使两齿轮轮齿在啮合线上有两对齿同时啮合。在啮合图上应标示理论啮合线、实际啮合线、工作齿廓等，并注上各部分的尺寸和符号。

3）整理计算说明书。说明书内容大致包括：已知条件和要求；齿轮各部分尺寸的计算；根据从啮合图上量得的尺寸来验算重合度和两齿轮齿顶厚度。

6.4 单缸四冲程柴油机

6.4.1 机构介绍与设计数据

1. 机构介绍

柴油机是一种内燃机，其机构运动简图如图6-9a所示，它能将燃料燃烧时所产生的热能转变成机械能。往复式内燃机的主体机构是曲柄滑块机构，该机构借助气缸内的燃气压力推动活塞3通过连杆2使曲柄1做回转运动。

单缸四冲程柴油机中，所谓四冲程是指活塞在气缸内往复移动四次（恰好对应曲柄转两圈）完成一个工作循环，一个工作循环中气缸内燃气压力的变化可由示功图测得，如图6-9b所示，它表示气缸容积（与活塞位移*S*成正比）与压力的变化关系。

单缸四冲程柴油机工作原理如下。

进气冲程：活塞由上止点向下移动，对应的曲柄转角φ从0°→180°，当进气阀打开时，空气开始进入气缸，气缸内的指示压力略低于一个大气压，一般以一个大气压计算，如示功图6-9b上的$a \to b$。

压缩冲程：活塞由下止点向上移动，对应的曲柄转角φ从180°→360°。此时进气完成，阀关闭，已吸入的空气在气缸内受到压缩，压力因此逐渐升高，如示功图6-9b中的$b \to c$。

膨胀冲程（也称工作冲程）：当压缩冲程终了时，被压缩的空气温度已超过柴油自燃的温度。因此在高压下射入的柴油便会立即爆炸燃烧，于是气缸内的压力就会突然增至最高点，此时燃气压力足以推动活塞由上向下移动而对外做功，故称工作行程，对应的曲柄转角φ从360°→540°。随着燃气膨胀，活塞下行，气缸容积将逐渐加大，压力便逐渐降低，此阶段如示功图6-9b上的$c \to b$。

排气冲程：活塞由下向上移动，此时曲柄转角φ从540°→720°，排气阀打开，废气经排气阀排出，气缸内压力略高于一个大气压力，一般也可以一个大气压计算，如示功图6-9b上的$b \to a$。

综上所述，示功图6-9b上的$a \to b \to c \to b \to a$即表示四个冲程气缸缸内压力的变化规律。

该柴油机进、排气阀的起与闭是由凸轮机构来控制的，图6-9a中的*y*-*y*剖面有进、排气阀各一个（图示只画了一个进气凸轮），凸轮机构是通过曲柄轴O上齿轮1和凸轮轴O_1上的齿轮2来传动的。由于一个工作循环中，曲柄轴转两圈恰好进、排气阀门才各起、闭一次，所以这对齿轮传动的传动比$i_{12}=\dfrac{\omega_1}{\omega_2}=\dfrac{n_1}{n_2}=\dfrac{z_1}{z_2}=2$。

由上可知，该单缸四冲程柴油机中只有一个膨胀冲程是对外做功的，而其余三个冲程是靠机械的惯性来带动的。因此，曲柄所受的驱动力是不均匀的，速度波动较大，为了减少速度波动，曲轴上应装有飞轮（图 6-9 中未画出）。

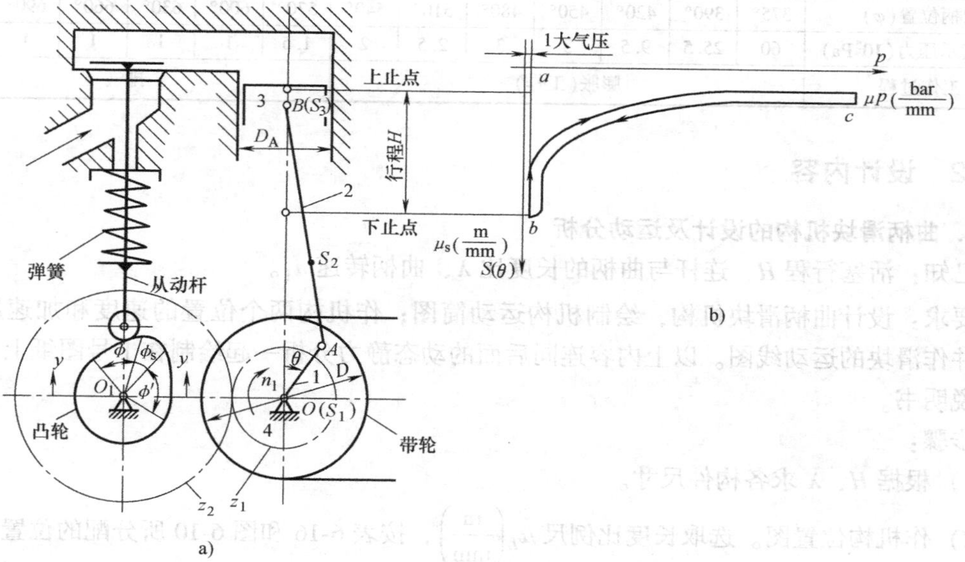

图 6-9 柴油机机构运动简图及示功图

a）机构运动简图 b）示功图

2. 设计数据

设计数据见表 6-14，示功图数据表见表 6-15。

表 6-14 设计数据

设计内容	曲柄滑块机构的运动分析				曲柄滑块机构的动态静力分析及飞轮转动惯量的确定								
符号	H	λ	l_{AS_2}	n_1	D_h	D	G_1	G_2	G_3	J_{S_1}	J_{S_2}	J_{O_1}	$[\delta]$
单位	mm		mm	r/min	mm		N			$Kg \cdot m^2$			
数据	120	4	80	1500	100	200	210	20	10	0.1	0.05	0.2	1/100

设计内容	齿轮机构的设计				凸轮机构的设计					
符号	z_1	z_2	m	α	h	Φ	Φ_s	Φ'	$[\alpha]$	$[\alpha]'$
单位			mm	(°)	mm			(°)		
数据	22	44	5	20	20	50	10	50	30	75

表 6-15 示功图数据表

位置编号	1	2	3	4	5	6	7	8	9	10	11	12
曲柄位置(φ)	30°	60°	90°	120°	150°	180°	210°	240°	270°	300°	330°	360°
气缸指示压力(10^5Pa)	1	1	1	1	1	1	1	1	1	6.5	19.5	35

（续）

工作过程	进气							压缩					
位置编号	12′	13	14	15	16	17	18	19	20	21	22	23	24
曲柄位置(φ)	375°	390°	420°	450°	480°	510°	540°	570°	600°	630°	660°	690°	720°
气缸指示压力(10^5Pa)	60	25.5	9.5	3	3	2.5	2	1.5	1	1	1	1	1
工作过程	膨胀(工作)							排气					

6.4.2 设计内容

1. 曲柄滑块机构的设计及运动分析

已知：活塞行程 H、连杆与曲柄的长度比 λ，曲柄转速 n_1。

要求：设计曲柄滑块机构，绘制机构运动简图；作机构两个位置的速度和加速度多边形，并作滑块的运动线图。以上内容连同后面的动态静力分析一起绘制在1号图纸上，整理设计说明书。

步骤：

1）根据 H、λ 求各构件尺寸。

2）作机构位置图。选取长度比例尺 $\mu_L\left(\frac{\text{m}}{\text{mm}}\right)$，按表6-16和图6-10所分配的位置，其中之一需要用粗实线画。作图时曲柄的作法（图6-10）为：以滑块上止点所对应的曲柄位置为起始位置（即 $\varphi=0°$），然后按曲柄转向，将曲柄圆周分成12等分，得到12个位置。12′（$\varphi=375°$）为气缸指示压力达最大值时所对应的曲柄位置，而13→24为曲柄第二转时的各位置。

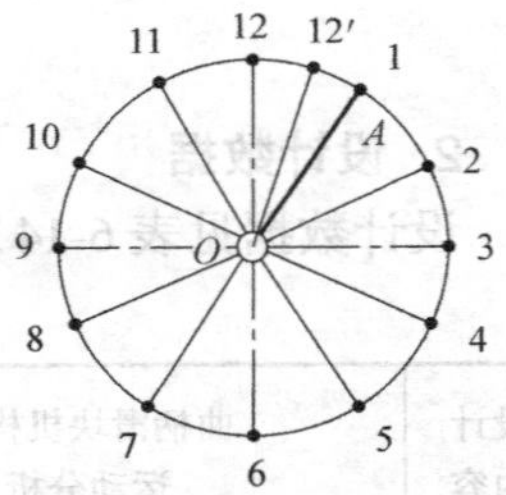

图6-10　曲柄位置图

3）作速度和加速度多边形。选取速度和加速度比例尺 $\mu_v\left(\frac{\text{m/s}}{\text{mm}}\right)$ 和 $\mu_a\left(\frac{\text{m/s}^2}{\text{mm}}\right)$，用相对运动图解法作出给定两个位置的速度和加速度多边形，其中连杆2的重心 S_2 的速度用影像法原理在图上标出。建议采用原动件速度比例尺 $\mu_v=\mu_l\omega_1$ 和原动件加速度比例尺 $\mu_a=\mu_l\omega_1^2=\mu_v\omega_l=\mu_v^2/\mu_1$。同一构件上两点间的相对法向加速度建议用图解法求出，为此比例尺也需用原动件比例尺。将所得结果填入表6-17。

表6-16　机构位置分配表

学生编号	1	2	3	4	5	6	7	8	9	10
位置	1	2	3	4	5	6	7	8	9	10
编号	10	11	12	13	14	15	16	17	18	19

学生编号	11	12	13	14	15	16	17	18	19	20	21	22	23	24
位置	11	12	13	14	15	16	17	18	19	20	21	22	23	24
编号	12′	20	21	22	23	24	1	2	3	10	11	12	13	14

表6-17　结构记录

项目 位置	v_B/ms^{-1}	v_B/ms^{-1} (线图法)	v_{S_2}/ms^{-1}	ω_2/s^{-1}	a_B/ms^{-2}	a_{S_2}/ms^{-2}	α_2/s^{-2}

4）作滑块的运动线图。

5）从动态剩余功曲线中量出其纵坐标最高点至最低点的距离，可得最大动态剩余功。

6）按公式 $J_F \approx \frac{900\ [W]}{\pi^2 n^2\ [\delta]} - J_c$ 计算飞轮转动惯量 J_F。在机构运动简图上，从所作曲柄1一周的13个位置，分别量出滑块相应的位移（从滑块上止点位置算起），选取位移比例尺 $\mu_S\left(\frac{\text{m}}{\text{mm}}\right)$ 及时间比例尺 $\mu_t\left(\frac{\text{s}}{\text{mm}}\right)$，作出滑块的位移 $S_B(t)$ 线图。用图解弦线微分法作滑块的速度 $v_B(t)$ 线图。汇集同组其他同学用相对运动图解法求得的各位置的滑块加速度 a_B，绘制加速度 $a_B(t)$ 线图。

① 建议取 $\mu_S = \mu_L$，这样便于直接从运动简图上量取滑块的位移量去画 $S_B(t)$ 线图。

② 以 $\mu_t = \frac{60}{n_1 L}$ 为时间比例尺，其中 L(mm) 代表曲柄转一周所需的时间，其值的选取应适当注意 $S_B(t)$ 线图的大小是否合适，以利于图解微分法的作图。

③ 对于图解微分作图时的极距 $K = \frac{\mu_s}{\mu_v' \mu_t}$，为了便于比较相对运动图解法和图解微分法所得的结果，K 中的 μ_v' 最好取成 $\mu_v' = \mu_v$，否则亦应使 μ_v' 和 μ_v 成整数倍。

7）整理计算说明书　说明书内容大致包括：已知条件和要求；连杆机构的设计简述；以一个机构位置为例说明用相对运动图解法求速度和加速度的过程，另一个位置只需列出其结果；图解弦线微分法比例尺的选取和计算等。

2. 曲柄滑块机构的动态静力分析

已知：各构件的重量 G，绕重心的转动惯量 J_S，活塞直径 D_h，示功图数据表6-15；运动分析中所得结果。

要求：确定机构两个位置的各运动副中的反作用力及曲柄上所需的平衡力矩，这部分内容应绘制在运动分析的1号图纸中并整理说明书。

步骤：

1）根据各构件重心的加速度及各构件的角加速度确定各构件的惯性力及惯性力偶矩，并将其合成为一个总惯性力，求出该力至重心的距离。

2）按前面所作的机构的两个位置，将连杆与滑块取出绘制示力体图，计算并标出气体压力，各构件重力等，选取力比例尺 $\mu_P\left(\frac{\text{N}}{\text{mm}}\right)$ 作动态静力分析的力多边形，求出各运动副反力及应加在曲柄上的平衡力矩。

3）整理计算说明书。说明书内容大致包括：已知条件和要求；比例尺的计算，以一个机构位置为例说明动态静力分析过程，写出所有计算式和矢量平衡方程式，另一个位置只要列表说明其计算结果即可。汇集其他同学所求得的各机构位置的平衡力矩 M_d，并依次列出平衡力矩表。

3. 飞轮设计

已知：机器运转的速度不均匀系数的许用值 $[\delta]$，由动态静力分析中求得的平衡力矩 M_d 表，阻力矩 M_{vr} 为常数，曲柄轴的转动惯量 J_{S_1}，轮轴的转动惯量 J_{O_1}，连杆2绕其重心的转动惯量 J_{S_2}。

要求：用惯性力法确定飞轮转动惯量 J_F，此内容作在 2 号图纸上并整理计算说明书。

步骤：

1）选取力矩比例尺 $\mu_M\left(\frac{\mathrm{N\cdot m}}{\mathrm{mm}}\right)$ 与曲柄转角比例尺 $\mu_\varphi\left(\frac{\mathrm{rad}}{\mathrm{mm}}\right)$，作动态等功驱动力矩 $M_{vd}(\varphi)$ 曲线，M_{vd} 表示包括驱动力（气体压力）、各构件重力、惯性力在内的动态等功驱动力矩。因 $M_{vd}=-M_d$，故可利用平衡力矩表上的数值来作图。

2）根据 $M_{vd}(\varphi)$ 曲线采用图解积分，可得动态功 $M_{vd}(\varphi)$ 曲线。

3）根据 M_{vr} 为常数且机器在一个循环中能量的变化为零，可知连接 $M_{vd}(\varphi)$ 曲线末点与坐标原点的斜直线即为阻力功 $M_{vr}(\varphi)$ 曲线。

4）作动态剩余功 $M_{vd}(\varphi)-M_{vr}(\varphi)$ 曲线。

5）整理计算说明书。说明书内容大致包括：已知条件和要求；各线图比例尺的选用和运算；说明等功阻力矩 M_{vr} 和最大动态剩余功［W］求法；飞轮转动惯量 J_F 的计算等。

4. 凸轮机构的设计

已知：从动件的行程 h，推程与回程的许用压力角［α］和［α］′，推程运动角 Φ、远休止角 Φ_s、回程角 Φ'，从动件运动规律如图 6-11 所示，且等加速、等减速的绝对值相等。

要求：确定凸轮的基本尺寸，选取滚子半径，画出凸轮实际轮廓曲线，以上内容绘制在 2 号图纸上并整理计算说明书。

步骤：

1）选取从动杆位移比例尺 $\mu_S\left(\frac{\mathrm{m}}{\mathrm{mm}}\right)$ 和凸轮转角比例尺 $\mu_\varphi\left(\frac{\mathrm{rad}}{\mathrm{mm}}\right)$，作 $S(\varphi)$ 曲线。

2）取类速度比例尺 $\frac{\mathrm{d}s}{\mathrm{d}\varphi}=\mu_S$，作 $\frac{\mathrm{d}s}{\mathrm{d}\varphi}$（$\varphi$）曲线。

3）由 $S(\varphi)$ 曲线和 $\frac{\mathrm{d}s}{\mathrm{d}\varphi}(\varphi)$ 曲线消去 φ，作 $\frac{\mathrm{d}s}{\mathrm{d}\varphi}(s)$ 曲线，根据［α］和［α］′确定基圆半径。

4）用反转法作凸轮的理论轮廓曲线。

5）根据理论轮廓曲线的最小曲率半径及基圆半径来选取滚子半径 r_T，作凸轮的实际轮廓曲线。

6）整理计算说明书。说明书内容大致包括：已知条件和要求；比例尺的计算；各图线的作法；滚子半径 r_T 的确定等。

5. 齿轮机构的设计

已知：齿轮的齿数 z_1、z_2，模数 m，分度圆压力角 α，标准齿轮传动。

要求：计算该对齿轮传动的各部分尺寸，用 2 号图纸绘制齿轮传动的啮合图并整理计算说明书。

步骤：

1）计算该对齿轮传动的各部分尺寸，建议列表进行。

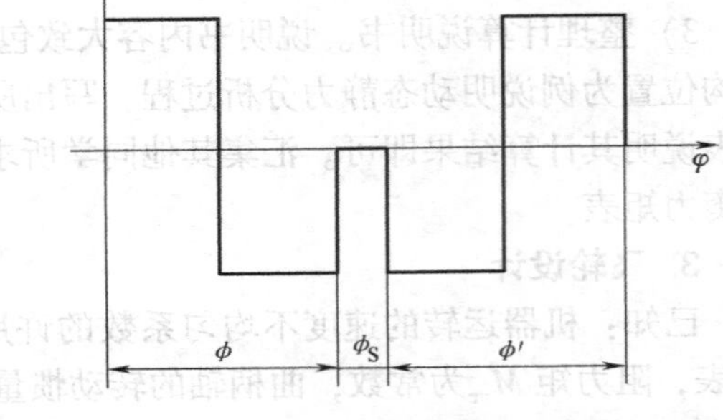

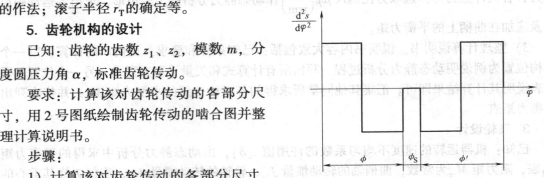

图 6-11　从动件运动规律图

2）绘制齿轮传动的啮合图，长度比例尺的选取应能使图上全齿高达到30~50mm，绘制齿廓时对于齿根圆小于基圆的齿轮，其轮齿的非渐开线齿廓用径向线画出，径向线与齿根圆相接处用半径为0.2m(模数）的圆弧连接。要求每个齿轮画出三个完整的轮齿，其位置要使两齿轮轮齿在啮合线上有两对齿同时啮合。在啮合图上应标示理论啮合线、实际啮合线、工作齿廓等，并注上各部分的尺寸和符号。

3）整理计算说明书。说明书内容大致包括：已知条件和要求；齿轮各部分尺寸的计算；根据从啮合图上量得的尺寸来验算重合度和两齿轮齿顶厚度。

6.5 螺钉搓床

6.5.1 机构介绍与设计数据

1. 机构介绍

螺钉搓床是搓削螺钉用的一种机床（图6-12a）。电动机经带传动（图中未画出）、齿轮（z_1-z_2）传动以及六杆机构（1-2-3-4-5-6）使动螺钉搓板（简称动搓板）6做往复运动。这样便可将放置在动搓板6和定螺钉搓板（简称定搓板，图中未画出）之间的螺钉毛坯依靠相对压搓搓出螺纹。凸轮7经四连杆（1-8-9-10）使纵推杆11将螺钉毛坯推入两搓板之间。由于机床在工作过程中载荷变化很大，会引起主轴 O_2 的速度波动，所以在轴 O_1 上装有调速飞轮。

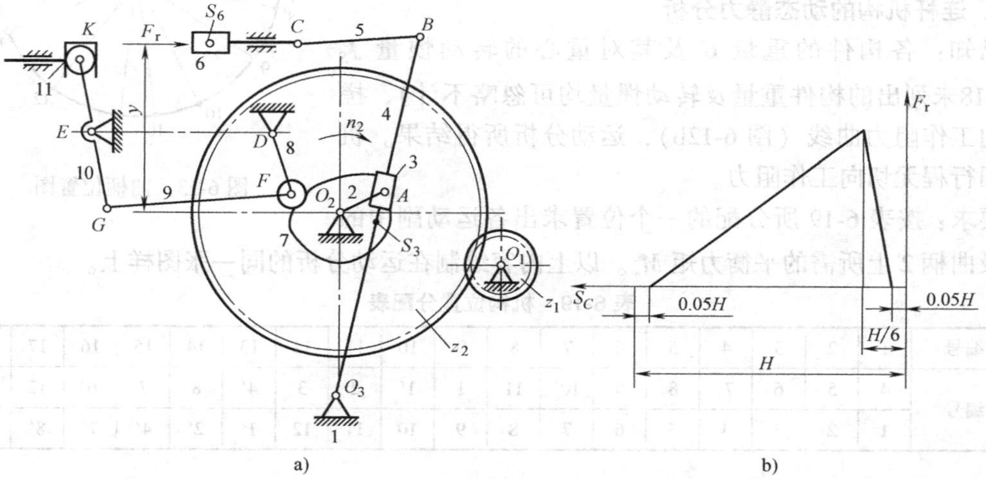

图6-12 螺钉搓床机构运动简图及阻力线图

2. 设计数据

设计数据见表6-18。

6.5.2 设计内容

1. 连杆机构的设计及运动分析

已知：曲柄2转速 n_2、各构件尺寸及其重心 S 的位置。

表 6-18 设计数据

内容	连杆机构的运动分析									机构动态静力分析				飞轮转动惯量的确定			
符号	n_2	l_{O_2A}	$l_{O_2O_3}$	l_{O_3B}	γ	l_{BC}	l_{BS_5}	l_{O_3}	l_{CS_6}	G_4	G_6	F_{rmax}	J_{S_4}	δ	J_{Z_1}	J_{Z_2}	n_{O_1}
单位	$\frac{r}{min}$	mm									N			kg · m²			$\frac{r}{min}$
数据	54	120	420	800	365	300	150	400	200	280	160	2 600	1. 14	0. 05	0. 015	5. 1	270

内容	凸轮机构的设计										齿轮机构的设计			
符号	l_{DE}	l_{DF}	l_{FG}	l_{EG}	l_{EK}	h	$[\alpha]$	Φ	Φ_s	Φ'	z_1	z_2	m	α
单位	mm						(°)				mm		kg	(°)
数据	400	130	400	150	120	30	45	20	60	60	14	70	10	20

要求：作机构运动简图、机构两个位置的速度多边形和加速度多边形、动搓板 6 的运动线图。以上内容与后面的动态静力分析一起画在 1 号图纸上。

曲柄位置图的作法如图 6-13 所示，1′和 8′是曲柄位置 6 在两极限位置时对应的两个曲柄位置。1′和 7′是动搓板受力开始与结束时对应的两个曲柄位置，2′是动搓板受力最大时对应的曲柄位置，动搓板的这三个位置可以从搓压切向工作阻力曲线（图 6-12b）中求得；4′和 10′是曲柄 2 与导杆 4 相重合的位置；其余 2、3、…、12 是由位置 1 起按转向将曲柄作 12 等分的位置。

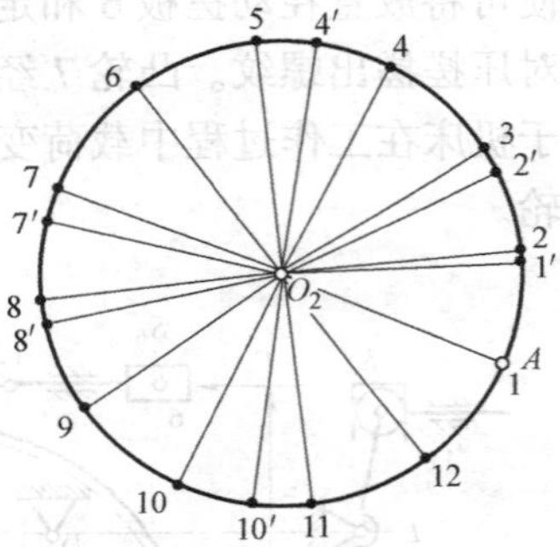

图 6-13 曲柄位置图

2. 连杆机构的动态静力分析

已知：各构件的重量 G 及其对重心的转动惯量 J_S（表 6-18未列出的构件重量及转动惯量均可忽略不计），搓压切向工作阻力曲线（图 6-12b），运动分析所得结果。机构空回行程无切向工作阻力。

要求：按表 6-19 所分配的一个位置求出各运动副中的反力及曲柄 2 上所需的平衡力矩 M_y。以上内容绘制在运动分析的同一张图样上。

表 6-19 机构位置分配表

学生编号	1	2	3	4	5	6	7	8	9	10	11	12	13	14	15	16	17	18
位置编号	4	5	6	7′	8	9	10′	11	1	1′	2	3	4′	8	7	10	12	2′
	1	2	3	4	5	6	7	8	9	10	11	12	1′	2′	4′	7′	8′	10′

3. 飞轮设计

已知：机器运转的速度不均匀系数的许用值 δ，曲柄 2 的转速 n_2，由动态静力分析所求得的平衡力矩 M_y，齿轮 z_1、z_2的转动惯量 J_{z_1}、J_{z_2}，轴 O_1 的转速 n_{O_1}；作用在曲柄 2 上的驱动力矩 M_a为常数。

要求：用惯性力法确定安装在轴 O_1上的飞轮转动惯量 J_F。以上内容绘制在 2 号图纸上。

4. 凸轮机构设计

已知：四杆机构（1-8-9-10）各构件的尺寸；纵推杆 11 的行程 h，其运动规律为等加速等减速（图 6-14），凸轮的推程角 Φ、远休止角 Φ_s、回程角 Φ'（分别为摆杆 8 向右摆、在右端停留和向左摆所对应的凸轮转角）；许用压力角［α］；凸轮逆时针转向。

要求：按许用压力角［α］确定凸轮机构的基本尺寸，选取滚子半径，画出凸轮实际轮廓曲线。以上内容绘制在 2 号图纸上。

提示：摆杆 8 上 F 点的位移线图 $S_F(\varphi)$ 的做法如下。

1）根据给定的纵杆 11 的加速度线图（图 6-14），求出其位移 S_{11}（φ）曲线。

2）求构件 10 上 K 点相应的位置 S_K。如图 6-15 所示，轴 E 位于纵推杆 11 行程 h 的中间位置，将纵推杆的一系列位置投影在 K 点轨迹 $K'K''$上，即得 K 点的位置。

3）根据构件 10 上 K 点的一系列位置，即可求出 F 点的位移 $S_F(\varphi)$ 曲线。

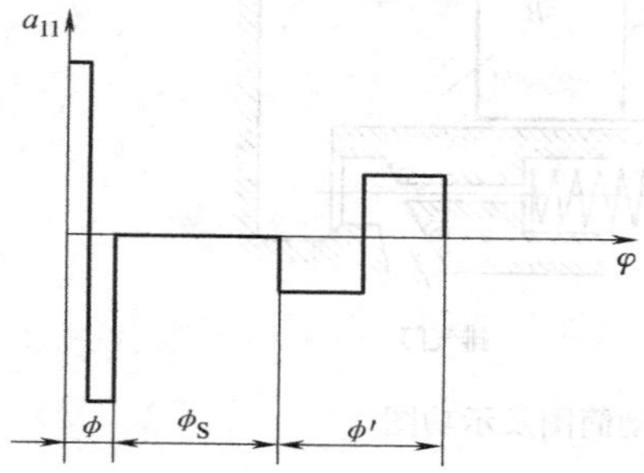

图 6-14　纵杆 11 的加速度线图

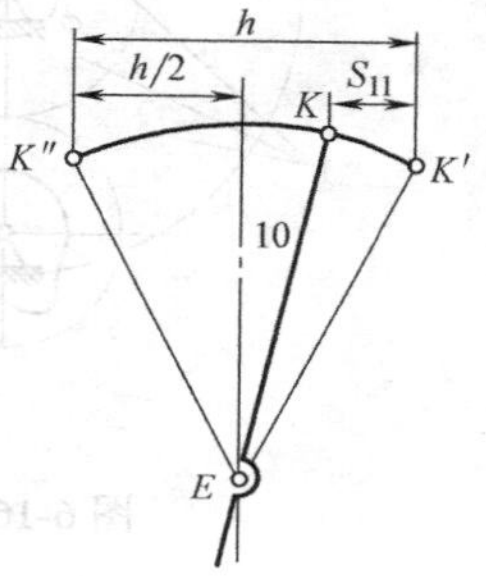

图 6-15　S_K位置图

5. 齿轮机构设计

已知：齿轮的齿数 z_1、z_2，模数 m，分度圆压力角 α，工作情况为开式传动。

要求：选取变位系数；计算齿轮传动的各部分尺寸，用 2 号图纸绘制齿轮传动的啮合图。

6.6　活塞式压缩机

6.6.1　机构介绍与设计数据

1. 机构介绍

压缩机是一种将机械能转换成气体势能的机械。活塞式压缩机的主体机构为曲柄滑块机构（图 6-16）。电动机经过 V 带带动曲柄转动，并由连杆 2 推动活塞 3 移动，从而压缩气缸内的空气，使其达到所需的压力。曲柄旋转一周，活塞往复移动一次，完成一个由进气、压缩、排气、膨胀四个过程所组成的工作循环。

图 6-16 中还给出了表示气缸内气体压力与其容积变化关系的示功图，图中 a-b-c-d-a 对应反映了上述四个工作过程。曲柄转动时，与曲柄相固连的齿轮 z_1带动齿轮 z_2及凸轮轴上进气和排气凸轮 4，以完成进、排气阀的启闭（图上只画出排气凸轮）。

2. 设计数据

设计数据见表 6-20，示功图数据见表 6-21。

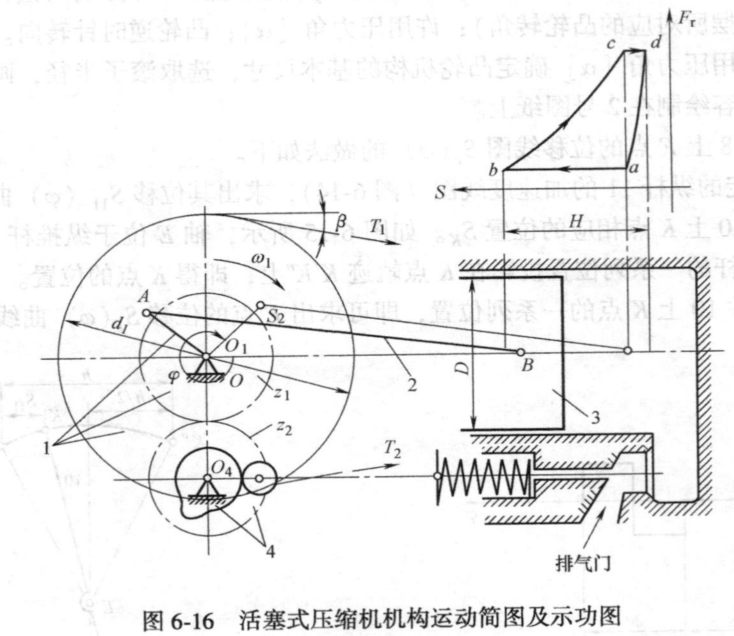

图 6-16　活塞式压缩机机构运动简图及示功图

表 6-20　设计数据

内容	曲柄滑块机构运动分析			曲柄滑块机构的动态静力分析及飞轮转动惯量的确定											
符号	H	λ	ω_1	G_1	G_2	G_3	J_{O_1}	J_{S_2}	J_{O_4}	l_{AS_2}	β	D	d_1	$\frac{T_1}{T_2}$	δ
单位	mm		s^{-1}	N			kg · m^2			mm	(°)	mm			
数据	150	5	50	70	120	100	0.045	0.18	0.005	$\frac{1}{3}l_{AB}$	10	175	300	2	1/40

内容	齿轮机构的设计				凸轮机构的设计					
符号	z_1	z_2	A	m	α	h	Φ	Φ_s	Φ'	$[\alpha]$	$[\alpha]'$
单位			mm		(°)	mm	(°)				
数据	22	22	135	6	20	10*(8)	60*(35)	15*(10)	80*(20)	30	70

注：* 号数字是进气凸轮数据，括号内数字是排气凸轮数据。

6.6.2　设计内容

1. 曲柄滑块的设计及运动分析

已知：活塞行程 H，连杆与曲柄的长度比 λ，曲柄的平均角速度 ω_1。

表 6-21 示功图数据

学生编号	1	2	3	4	5	6	7	8	9	10	11	12	13
曲柄位置 φ	30°	45°	60°	120°	180°	210°	240°	270°	285°	300°	315°	330°	360°
气缸指示压力 $P/(10^5\text{N/m}^2)$	2. 145	1	1	1	1	1. 048	1. 426	2. 185	3. 00	4. 15	5	5	5
活塞受力 $P=\dfrac{\pi D^2}{4}(p-1)/\text{N}$	2 750	0	0	0	0	200	1 020	2 850	4 610	7 650	9 600	9 600	9 600
工作过程	膨胀				进气				压缩			排气	

要求：设计曲柄滑块机构，画机构运动简图，作机构两个位置（表 6-22）的速度和加速度多边形及滑块的运动线图。以上内容与后面的动态静力分析一起绘制在 1 号图纸上。

2. 曲柄滑块机构的动态静力分析

已知：各构件的重量 G，重心 S 的位置（曲柄轴和凸轮轴的重心位于 O_1 和 O_4）和绕重心的转动惯量 J_S，示功图数据（表 6-21），活塞直径 D，带轮紧边与松边拉力之比 $T_1/T_2=2$ 以及运动分析所得各运动参数。

要求：确定机构两个位置（同运动分析）的各运动副反力和曲柄上的平衡力矩 M_y。以上内容绘制在运动分析的同一张图纸上。

表 6-22 机构位置分配表

学生编号	1	2	3	4	5	6	7	8	9	10	11	12	13	14
位置编号	5	6	7	8	9	10	11	12	13	1	2	3	4	5
	12	13	1	2	3	4	5	6	7	8	9	10	9	12

学生编号	15	16	17	18	19	20	21	22	23	24	25	26	27	28	29	30
位置编号	11	5	6	7	8	9	10	11	12	13	1	2	3	4	5	9
	6	1	2	4	12	13	1	2	3	4	5	5	6	7	8	12

3. 飞轮设计

已知：机器运转的速度不均匀系数的许用值 $[\delta]$，曲柄轴的平均角速度 ω_1，由动态静力分析所得的平衡力矩 M_y；驱动力矩 M_a 为常数。

要求：用惯性力法确定安装在曲柄轴上的飞轮转动惯量 J_F。以上内容绘制在 2 号图纸上。

4. 凸轮机构的设计

已知：从动件的行程 h，推程与回程的许用压力角 $[\alpha]$ 和 $[\alpha]'$，推程运动角 Φ、远休止角 Φ_s、回程角 Φ'，从动件运动规律为等加速等减速运动规律。

要求：按许用压力角确定凸轮的基本尺寸，选取滚子半径，画出凸轮实际轮廓曲线，以上内容绘制在 2 号图纸上。

5. 齿轮机构设计

已知：齿轮的齿数 z_1、z_2，模数 m，分度圆压力角 α，中心距 a；齿轮为正常齿制。

要求：按不根切、重合度 $\varepsilon \geqslant 1.2$、齿顶厚 $S_a \geqslant 0.4m$（m 为模数）以及两轮的最大滑动系数接近相等的条件来选取两轮的变位系数；计算齿轮传动的各部分尺寸；用 2 号图纸绘制齿轮传动的啮合图。

附录 设计图例

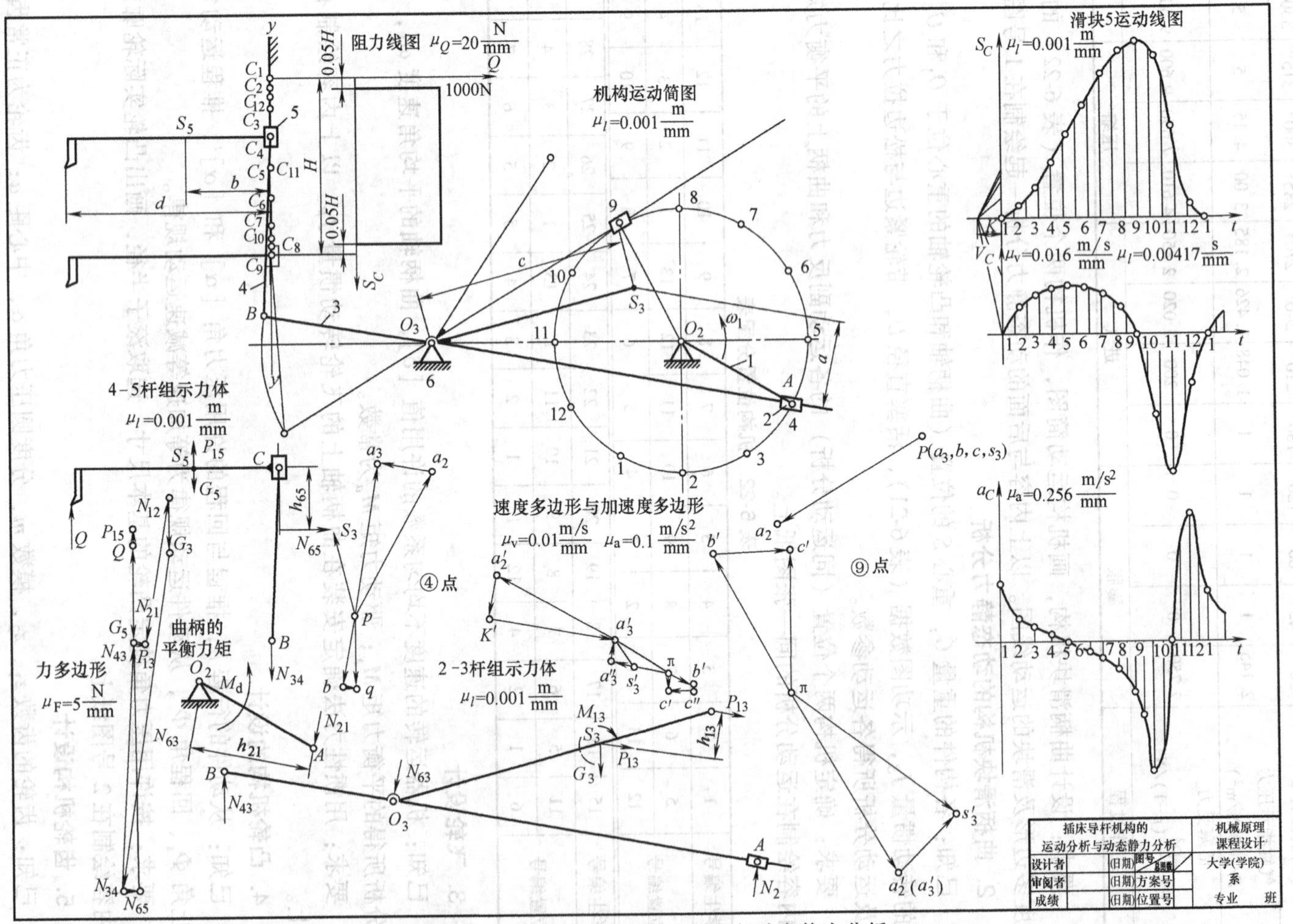

图例 1 插床导杆机构的运动分析与动态静力分析

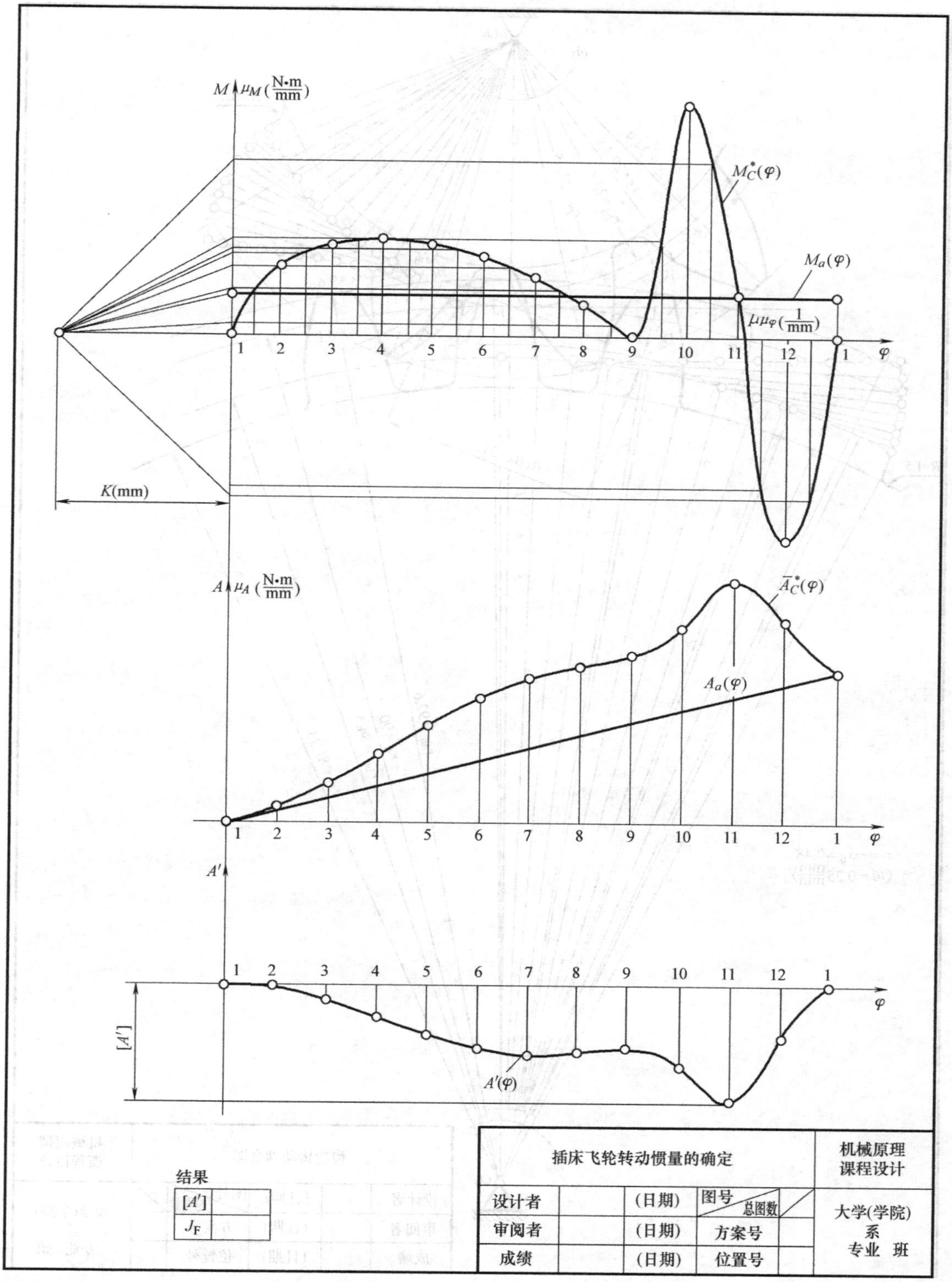

图例 2 插床飞轮转动惯量的确定

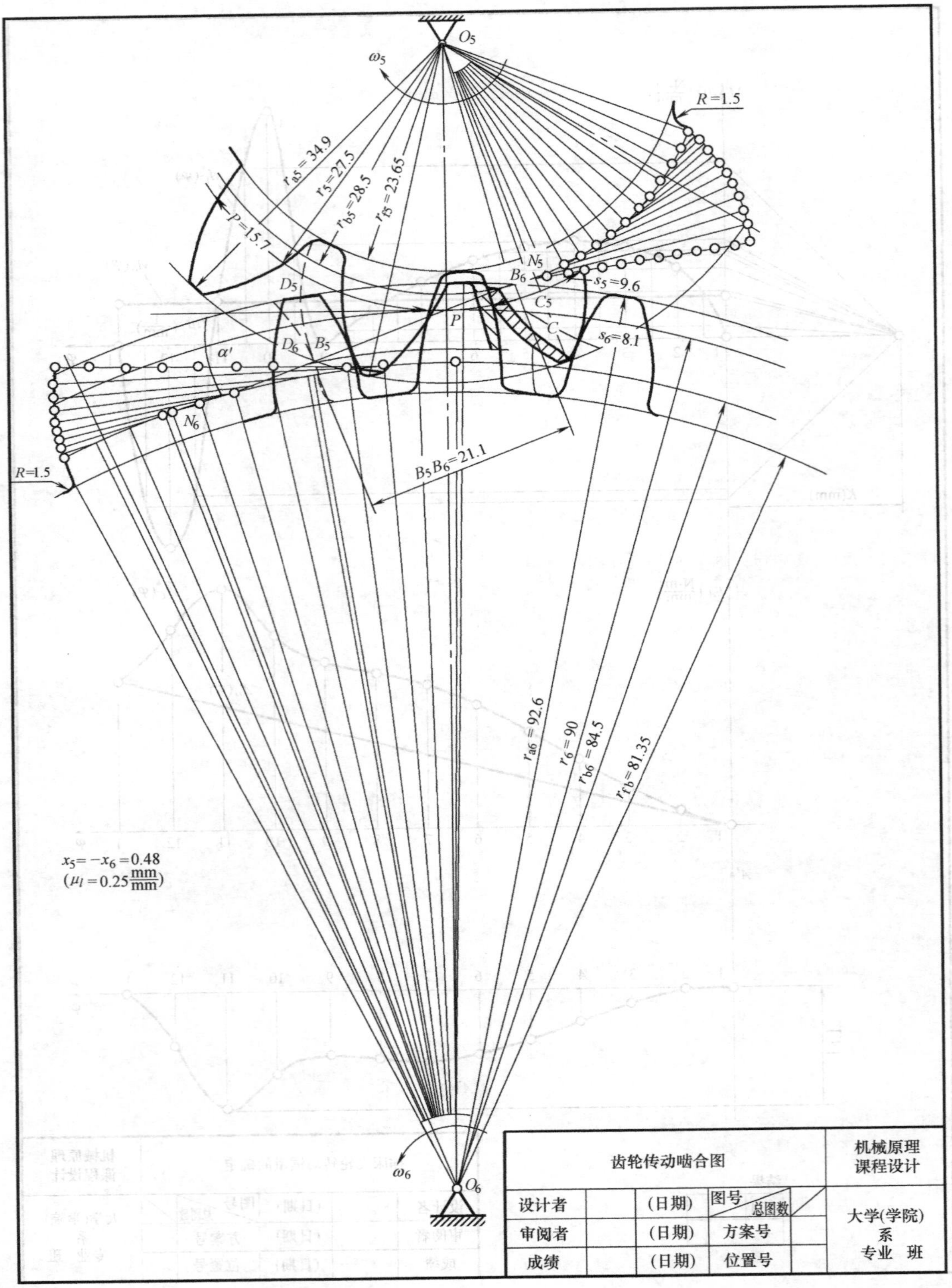

O_5
ω_5
$R=1.5$
$r_{a5}=34.9$
$r_5=27.5$
$r_{b5}=28.5$
$r_{f5}=23.65$
$P=15.7$
N_5
B_6
$s_5=9.6$
C_5
C
$s_6=8.1$
D_5
P
D_6
B_5
α'
N_6
$R=1.5$
$B_5B_6=21.1$
$r_{a6}=92.6$
$r_6=90$
$r_{b6}=84.5$
$r_{fb}=81.35$
$x_5=-x_6=0.48$
$(\mu_l=0.25\frac{mm}{mm})$
ω_6
O_6
齿轮传动啮合图
设计者
(日期)
图号
总图数
审阅者
(日期)
方案号
成绩
(日期)
位置号
机械原理
课程设计
大学(学院)
系
专业 班

图例 3 齿轮传动啮合图

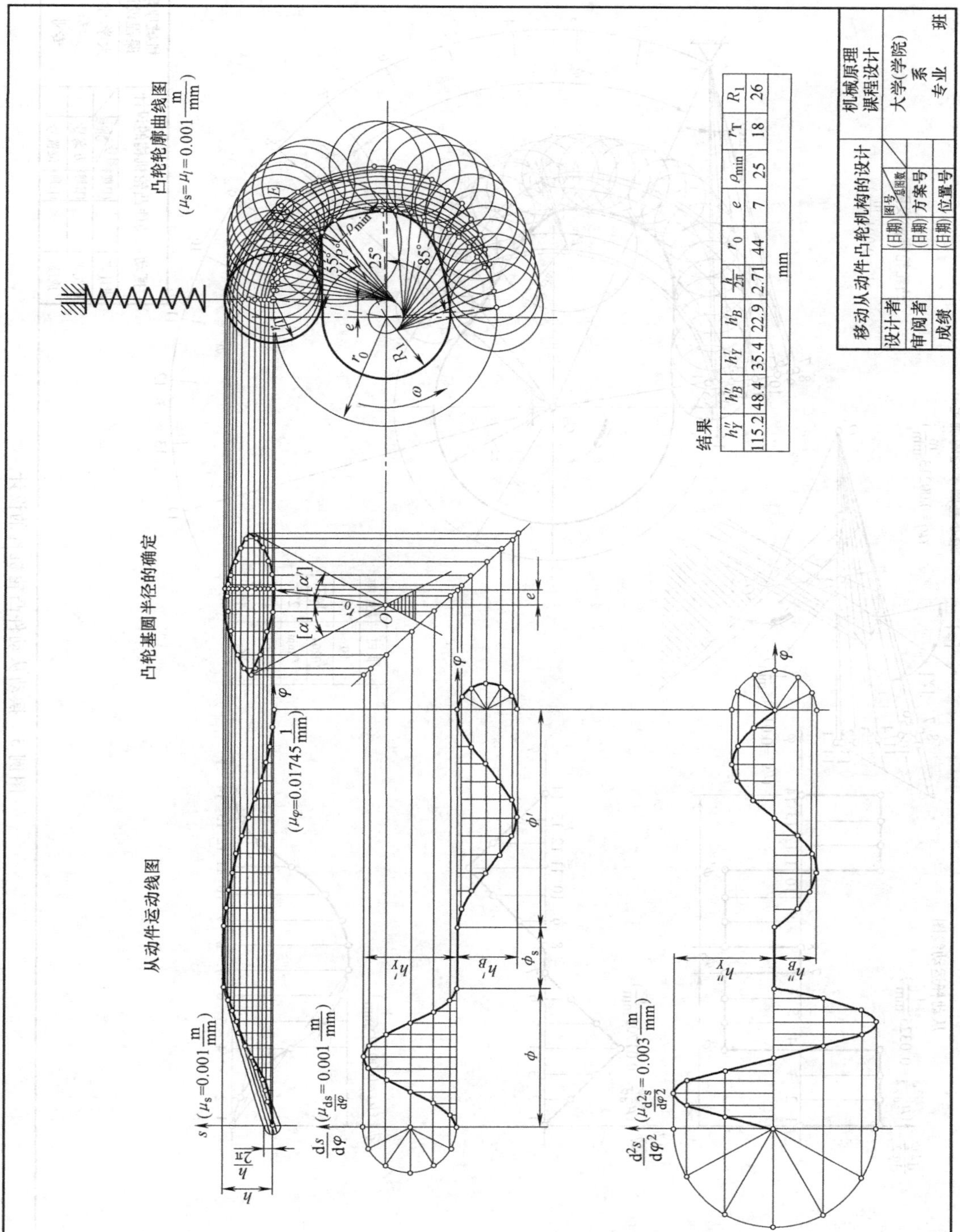

图例 4 移动从动件凸轮机构的设计

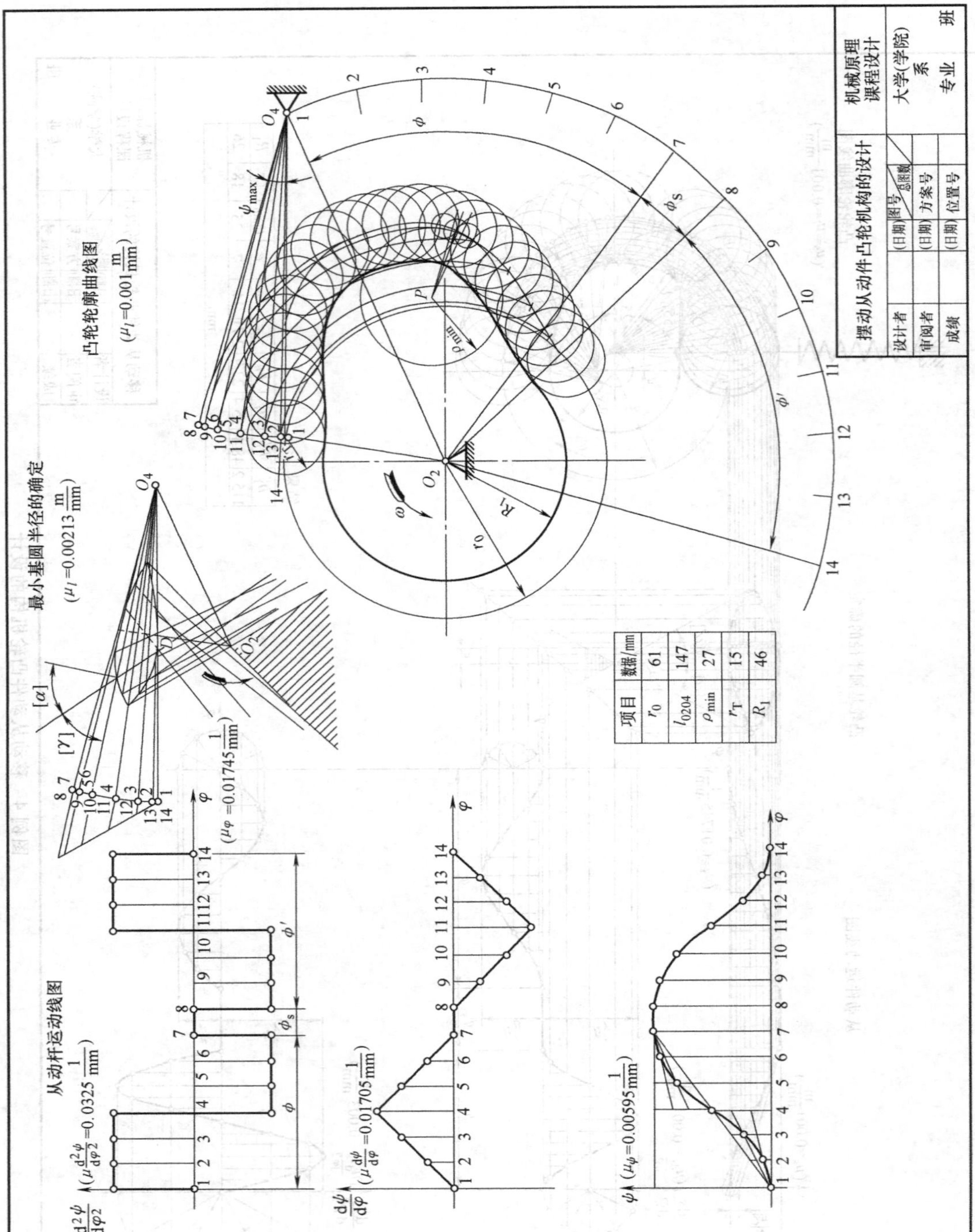

图例 5　摆动从动件凸轮机构的设计

参考文献

[1] 郑文纬，吴克坚. 机械原理 [M]. 8 版. 北京：高等教育出版社，2001.
[2] 孙桓，陈作模，葛文杰. 机械原理 [M]. 8 版. 北京：高等教育出版社，2013.
[3] 师忠秀. 机械原理 [M]. 北京：机械工业出版社，2012.
[4] 廖汉元，孔建益. 机械原理 [M]. 3 版. 北京：机械工业出版社，2013.
[5] 邹慧君，傅祥志，张春林，等. 机械原理 [M]. 北京：高等教育出版社，2004.
[6] 常冶斌，张京辉. 机械原理 [M]. 北京：北京大学出版社，2007.
[7] 申永胜. 机械原理教程 [M]. 2 版. 北京：清华大学出版社，2005.
[8] 郑树琴. 机械原理 [M]. 北京：国防工业出版社，2016.
[9] 陆凤仪. 机械原理课程设计 [M]. 2 版. 北京：机械工业出版社，2011.
[10] 师忠秀. 机械原理课程设计 [M]. 3 版. 北京：机械工业出版社，2016.
[11] 黄锡恺，郑文纬. 机械原理 [M]. 5 版. 北京：人民教育出版社，1981.